教養としての生命科学

いのち・ヒト・社会を考える

小泉　修
Koizumi Osamu

丸善出版

ま え が き

　現在，「生命科学」はすべての人にとって必要な教養科目となりつつある．自然科学を物質をめぐる物理科学（物質科学）と生命をめぐる生物科学（生命科学）に分けるとすると，物質科学とその成果が私たちの社会に与えるインパクトははかり知れない．望む，望まないにかかわらず，私たちの生活は物質科学の成果の基盤の上に成り立っている．情報入手機器（テレビ・スマホ），交通手段（車・バス・電車・飛行機），家電品（冷蔵庫・掃除機・電子レンジ），しかりである．

　特に，20 世紀の前半には，量子力学という物質の中の素粒子などの微少な世界での物理学で大きなbreakthough（ブレイクスルー，短期間にその分野が大発展すること）があり，その結果半導体が発明されて，コンピュータの創出に結びついた（しかし，同時に原子爆弾や水素爆弾のようなものまで出現した）．それに対して，「生命科学」の一般社会に対するインパクトは比較的弱かったかもしれない．しかし，20 世紀の後半に，遺伝子についての分子生物学の分野で大きなブレイクスルーがあり，それ以後，生命科学は，すべての分野で，爆発的な発展を遂げてきて，現在にいたっている．

　そのお蔭で，今日では，生命科学に関する用語が日常的に新聞に頻繁に現れる状況になっている．人工生殖・体外受精・代理母・卵子冷凍・クローン動物・遺伝子組換え植物・遺伝子治療・万能細胞（幹細胞）・脳死・終末期医療・安楽死と尊厳死と限りがないほどである．しかしこれらのそれぞれの事項については，フルスピードで進んでいるため，社会や法律が追い付いていない．各自がそれらに対応する時には，まだ社会的な答えはなくて各自で決断しなければならない状況である．

　例えば，心臓移植に対して，多くの方が再生医療として進めることには賛成であるにもかかわらず，脳死体から心臓を摘出して移植医療を行うことには賛成ではない．しかし，心臓移植に関しては，死後移植は無理で，今のところ，脳死移植しか道はないのである．このように，各自がそれぞれの決断をする時に，それぞれの事項に対して，正確な知識は必要となる．脳死はどのような状態なのか，正しい理解が必要とされる．

　私は，さまざまな大学で文系・理系の非生物系の学生にも，生命科学の講義をしている．その経験で，学生たちの現在の生命科学に対する強い興味を実感している．講義の後には，毎回，意見を書かせているが，多くの学生たちは，単なる学問というよりは，社会人として身に着けておくべき知識として興味をもっているように思われる．その中で，本書『教養としての生命科学－いのち・ヒト・社会を考える』を書くことを決意した．

　内容は，生命・ヒト・社会に分かれている．第 1，第 2 章では生命の基礎を，第 3 章ではヒトについての生命科学立場からの考察を，第 4 章では社会に影響を与える生命科学について解説している．生命科学には，形而上学的な言葉ではなく「ヒトの本性」に迫る責任があり，その視点からヒトについて論じている．ヒトとチンパンジーの遺伝子は 98％同一なのにヒトのみが言語をあやつり，地球上に文明を持ち込んで特別な存在になっている．このことを考える上で，脳の発達を抜きには理解できないという視点である（第 3 章）．また，社会にインパクトを与える生命科学には，命をモノ，お金に変換させる怖さがある（第 4 章）．

　私は，現在の生命科学のさまざまな問題に触発されて，ヒトについて，また社会に影響を与えるさまざまな生命科学について学んでみようと思う一般の方・大学生・中高の先生方などを対象にしてこの本を書いた．ヒトについて考えたい方は，また，現在の社会に影響のある生命科学について知りたい方は，いきなり最初からそれぞれ第 3 章や第 4 章を読んでもわかるように書いている．その後，もっと生命の基礎からも学びたくなれば，第 1，第 2 章を読む方法もある．もちろん，最初の基礎から本格的に学ばれる場合は，もっと嬉しい．生命のみにとどまらずヒト・社会とテーマが続いているので，生物系の方々にもおおいに役立つことと信じている．

　地球上で動物達は，姿形も異なり，行動戦略も異なり，それぞれ棲み分けを行っている．また，「食う／食われる」の関係も含め，互いに共存・共生し合って，それぞれが命をつないでいる．私たち人間もそれらの仲間で

ある．このことを肝に銘じて，「人間中心主義」に心をいためながら，私たちの生き方を皆さんと考えることにもこの本が役立つことがあれば嬉しい．

　本書の出版にあたり，丸善出版の関係各位のご協力とともに，企画・編集部第2部の小林秀一郎氏，松平彩子さんによる数々の有益な助言・支援には心より感謝申し上げたい．また，原図の作製には，妻の和子の協力も得たことに対してお礼申し上げる．

2016年11月

小泉　修

目　　次

*1*章　いのちの基礎

1-1　生体高分子 ……………………………………………………………… **1**
　1-1-1　タンパク質：生命の基礎 …………………………………………… 2
　1-1-2　核酸：遺伝子の働き ………………………………………………… 8
　1-1-3　脂質，糖質：もう 2 つの生体高分子 …………………………… 20
1-2　生命の階層構造：分子から細胞を経て個体・生態系まで ……… **23**

*2*章　いのちの働き：システム（系）における　　細胞連携

2-1　内分泌系：いのちの恒常性 ……………………………………… **27**
2-2　免疫系：いのちの防衛 ……………………………………………… **33**
2-3　神経系：こころの基本 ……………………………………………… **45**
　2-3-1　神経情報 ……………………………………………………………… 46
　2-3-2　電気伝導 ……………………………………………………………… 55
　2-3-3　化学伝達 ……………………………………………………………… 56
2-4　感覚系：こころの外界への窓 …………………………………… **62**
　2-4-1　感覚の一般論 ………………………………………………………… 63
　2-4-2　視覚・味覚・嗅覚の仕組み ……………………………………… 68
　2-4-3　感覚の分子機構 ……………………………………………………… 75
2-5　運動系：外界への反応 ……………………………………………… **78**
　2-5-1　筋収縮 …………………………………………………………………… 78
　2-5-2　興奮収縮連関の仕組み：細胞・組織機構 …………………… 82
　2-5-3　興奮収縮連関の仕組み：分子機構 …………………………… 84

3章 ヒトの生命科学： ヒトについて考える

3-1 生命の歴史とヒトの歴史 ……………………………………… **89**
3-2 ヒトの心の座，脳を考える ……………………………………… **94**
3-3 ヒトの言語現象と脳 ……………………………………………… **98**
3-4 ヒトの睡眠と夢 …………………………………………………… **112**
3-5 ヒトの向精神薬と脳 ……………………………………………… **122**

4章 ヒトと社会：社会にインパクトを与える 現在の生命科学

4-1 人工生殖をめぐる諸問題 ………………………………………… **131**
4-2 遺伝子操作とクローニング ……………………………………… **136**
4-3 臓器移植と脳死をめぐる諸問題 ………………………………… **141**
　4-3-1　臓器移植の諸問題 ………………………………………………… 141
　4-3-2　脳死の生物学 …………………………………………………… 143
4-4 再生医療の未来 …………………………………………………… **147**
4-5 新しい環境問題，環境ホルモン ………………………………… **150**

索　　引　**159**

いのちの基礎

1章

　本書でいのちに関するさまざまな問題を考えていくためにも，最初に生命の物質的な基礎をある程度知っておく必要がある．この章では，生命にとって最も重要な生体高分子について学ぼう．それは，タンパク質・核酸・脂質（脂肪）・糖質（糖類，炭水化物）である．さらに複雑な生命現象も階層に分けて考えるとわかりやすい．その点も理解しよう．

1-1　生体高分子

　いのちをつくり出す主要な分子は，生体高分子とよばれる．これらは，どれも分子としてはとても大きく，形もさまざまで，種類も非常に多く，さまざまな機能を担っている．しかし，このとてつもなく大きい生体高分子も，その基本的な要素は比較的単純で，種類も少ない分子で，これが多数重合することによって，多様な生体高分子がつくられている．この基本的な構成成分をモノマー（単量体），その重合体をポリマー（重合体）とよぶ（図1-1(a)）．この様子を以下見ていこう．

図1-1　生体高分子のモノマー（単量体）とポリマー（重合体）の関係．(a) タンパク質や核酸などの代表的な生体高分子は，比較的単純な単量体（モノマー）が多数重合したもの（ポリマー）である．(b) タンパク質のモノマーは，20種類のアミノ酸である．(c) 核酸の場合は，4種類のヌクレオチドが多数重合したものである．核酸には，DNA（デオキシリボ核酸）とRNA（リボ核酸）があり，DNAのモノマーはデオキシリボヌクレオチド，RNAのモノマーはリボヌクレオチドである（ヌクレオチドについては1-1-2参照）．

1-1-1 タンパク質：生命の基礎

有名な経済学者のエンゲルスが「生命は**タンパク質**（protein）の存在の仕方である」と言っているほど，タンパク質は生命にとって最重要の生体高分子である．生命あるところには必ずタンパク質がある．これは，さまざまな形・姿をしていて，さまざまな機能を担っている．

形や大きさはさまざまで，さまざまな機能を担っている多種類のタンパク質もたった 20 種類のアミノ酸からできている

タンパク質は，20 種類の**アミノ酸**（amino acid）を基本的単位（モノマー）として，それが多数重合したもの（ポリマー）である（**図 1-1（b）**）．アミノ酸は，アミノ基（NH_3）とカルボキシル基（COOH）をもった分子で，R とかかれたところが側鎖で，この部分が 20 種類のアミノ酸によって異なっている（**表 1-1**）．

このアミノ酸のカルボキシル基と次のアミノ基がペプチド結合をつくることによって，アミノ酸が多数並びタンパク質となる．何百という数のアミノ酸が重合してタンパク質になる．アミノ酸が複数重合したものは**ペプチド**（peptide）とよばれるので，タンパク質は，多数のペプチドの重合体，すなわち**ポリペプチド**（polypeptide）である（**図 1-2**）．

タンパク質の最初のアミノ酸は，NH_2 で始まり（NH_2 はフリーな遊離の状態になっている），途中のアミノ酸はペプチド結合でつながっていて，最後のアミノ酸は COOH で終わる（COOH は遊離の状態になっている）．それでタンパク質の最初のアミノ酸の末端部分を N 末端，最後のアミノ酸の末端部分を C 末端とよぶ（**図 1-2**）．それぞれのタンパク質は，N 末端から C 末端に向かってアミノ酸が並んでいる．このアミノ酸の並びを**アミノ酸配列**といい，それぞれのタンパク質のアミノ酸配列は一通りに決まっている．

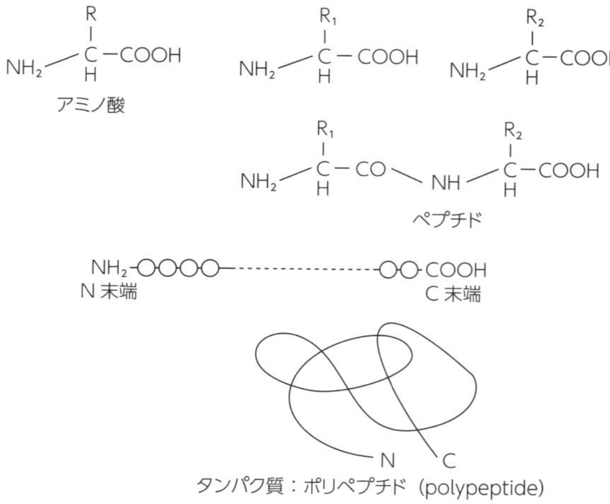

図 1-2 アミノ酸とタンパク質. アミノ酸は，アミノ基（NH_2）とカルボキシル基（COOH）をもった分子である．これがペプチド結合で重合してペプチドとなる．これが多数重合してタンパク質になる．タンパク質の末端の 1 つは NH_2 の N 末端で，もう一方の末端は COOH の C 末端である．このポリペプチドが立体構造をとって，機能タンパク質となる．

表 1-1 さまざまな機能を担うタンパク質. タンパク質は，生命のさまざまな機能を担っている.

非極性アミノ酸		塩基性アミノ酸	
アラニン	Ala(A)	リシン	Lys(K)
バリン	Val(V)	アルギニン	Arg(R)
ロイシン	Leu(L)	ヒスチジン	His(H)
イソロイシン	Ile(I)	**非電荷性極性アミノ酸**	
プロリン	Pro(P)	グリシン	Gly(G)
フェニルアラニン	Phe(F)	セリン	Ser(S)
トリプトファン	Trp(W)	トレオニン	Thr(T)
メチオニン	Met(M)	システイン	Cys(C)
酸性アミノ酸		チロシン	Tyr(Y)
アスパラギン酸	Asp(D)	アスパラギン	Asn(N)
グルタミン酸	Glu(E)	グルタミン	Gln(Q)

例えば，153 個のアミノ酸が並ぶミオグロビンの場合，ポリペプチドの組合せは，20 の 153 乗の可能性があるが（天文学的な数字になる），そのなかで 1 つの配列のみが選ばれて，特定のタンパク質になる（**図 1-3（a）**）.

たくさんのタンパク質は大きさも形もそれぞれ異なり，それぞれ多種多様な機能を担っている.

　タンパク質は生体の中で多くの多様な機能を担っている（**表 1-2**）．例えば，以下の章で出てくる筋収縮のミオシン，アクチン（2-5 運動系参照），

4   1-1　生体高分子

(a)
```
 1                                           10                                          20
Val – Leu – Ser – Glu – Gly – Glu – Trp – Gln – Leu – Val – Leu – His – Val – Trp – Ala – Lys – Val – Glu – Ala – Asp –

                                            30                                          40
Val – Ala – Gly – His – Gly – Gln – Asp – Ile – Leu – Ile – Arg – Leu – Phe – Lys – Ser – His – Pro – Glu – Thr – Leu –

                                            50                                          60
Glu – Lys – Phe – Asp – Arg – Phe – Lys – His – Leu – Lys – Thr – Glu – Ala – Glu – Met – Lys – Ala – Ser – Glu – Asp –

                                            70                                          80
Leu – Lys – Lys – His – Gly – Val – Thr – Val – Leu – Thr – Ala – Leu – Gly – Ala – Ile – Leu – Lys – Lys – Lys – Gly –

                                            90                                          100
His – His – Glu – Ala – Glu – Leu – Lys – Pro – Leu – Ala – Gln – Ser – His – Ala – Thr – Lys – His – Lys – Ile – Pro –

                                            110                                         120
Ile – Lys – Tyr – Leu – Glu – Phe – Ile – Ser – Glu – Ala – Ile – Ile – His – Val – Leu – His – Ser – Arg – His – Pro –

                                            130                                         140
Gly – Asn – Phe – Gly – Ala – Asp – Ala – Gln – Gly – Ala – Met – Asn – Lys – Ala – Leu – Glu – Leu – Phe – Arg – Lys –

                                            150         153
Asp – Ile – Ala – Ala – Lys – Tyr – Lys – Glu – Leu – Gly – Tyr – Gln – Gly
```

(b)

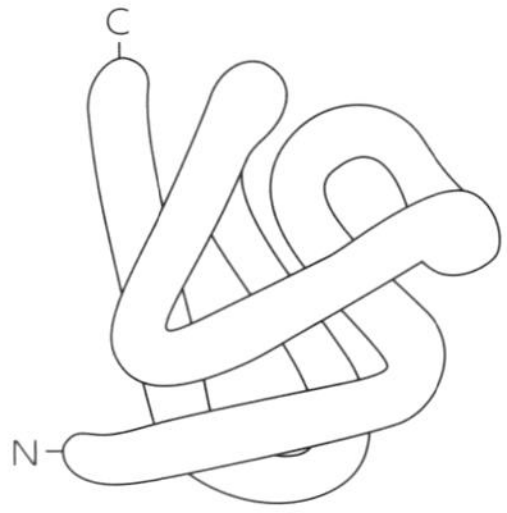

図 1-3　タンパク質のアミノ酸配列と立体構造（ミオグロビンの場合）. (a) タンパク質のアミノ酸配列は，一義的に決まっている.
(b) これによってタンパク質の立体構造が決まる.

光を受け取るロドプシン，匂いを受け取る匂い受容分子（2-4 感覚系参照），
神経情報の電気信号をつくり出すイオンチャネルやナトリウム・ポンプ
（2-3 神経系参照），免疫系で働く抗体（2-2 免疫系参照），ホルモンを受け
取る受容分子（2-1 内分泌系参照），これらはすべてタンパク質である.
　2 章で詳細な説明があるが，これらのタンパク質は，それぞれの機能を実
現するためのさまざまな形をしていている.そして大きさもさまざまであ
る.**図 1-3（b）** は，ミオグロビンの場合の立体構造を示している.

タンパク質は，アミノ酸が並んだ糸状の分子ではなく，それぞれの機能に適した立体構造をとる

　タンパク質のうちペプチド結合によってつらなる共通部分を主鎖，そして
それぞれのアミノ酸によって異なる 20 種の反応基の部分を側鎖という.タ
ンパク質は，N 末端から C 末端まで，きちんとしたアミノ酸配列[*1] を示す
が，このままの糸状の形ではない.機能を果たすために，それぞれ独特な立
体構造を示す.アミノ酸配列を 1 次構造といい，これが主鎖間の相互作用
と側鎖間の相互作用により，立体構造を示す.主鎖間同士の相互作用による
立体構造を 2 次構造といい，側鎖間の相互作用による立体構造を 3 次構造
という（**図 1-4**）.

*1)　アミノ酸配列は，N 末端のア
ミノ酸が 1 番（最初）で，それ
から順次 C 末端に向かって，番
号が増える.

表1-2 **タンパク質を構成する20種類のアミノ酸**．20種類のアミノ酸の側鎖はそれぞれ異なり，疎水性の基をもつもの，塩基性（プラスイオン）の基をもつもの，酸性（マイナスイオン）の基をもつもの，親水性だが電気的に中性の基をもつものなどさまざまである．システインは，反応しやすいSH基をもつ．

機能	例	機能	例
構造支持	ケラチン，フィブロイン，コラーゲン，プロテオグリカン	防御	免疫グロブリン，フィブリノーゲン，トロンビン
酵素	ペプシン，アミラーゼ，リパーゼ，DNA-ポリメラーゼ	調節	インシュリン，成長ホルモン，リプレッサー
輸送	ヘモグロビン，ミオグロビン，シトクロム，Na^+-K^+ ATP分解酵素	貯蔵	アルブミン，カゼイン，フェリチン
収縮（運動）	アクチン，ミオチン，チューブリン		

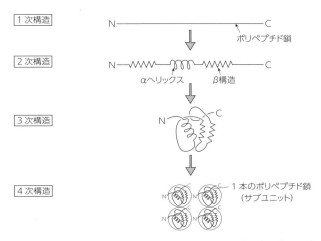

図1-4 タンパク質の構造．アミノ酸配列の1次構造，主鎖同士の相互作用による2次構造，側鎖間の相互作用による3次構造，さらに複数のポリペプチド鎖が集まった4次構造がある．

表1-3 **水素結合の例**

水素供与基　水素受容基	例
—O—H ⋯⋯ O<	水分子間，水和分子，多糖類
—O—H ⋯⋯ O=C<	タンパク質3次構造，水和分子
>N—H ⋯⋯ O=C<	タンパク質2次構造，核酸塩基対
>N—H ⋯⋯ O<	核酸塩基対
>N—H ⋯⋯ N<	核酸塩基対

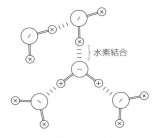

図1-5 水分子中の水素結合

*2) 水素結合は，水素が関与する弱い結合で，生体のさまざまな機能で重要な働きをする．水分子（H₂O）は，水素原子（H）と酸素原子（O）からなるが，Oは電子を引きつける力が強いので，Oは電気的にプラスに，Hはマイナスに傾いている．そのため，水分子はお互いにHとOが引かれて結合している（**図1-5**）．このようなHを介した弱い結合が水素結合である．しかし，同じ電気的な結合であるイオン結合とは異なる．イオン結合の場合は，電子がたらないプラスイオンと電子が余っているマイナスイオン元素同士の電子の共有による結合である．また，イオン結合はさまざまなイオン同士の結合であるが，水素結合は，必ず水素原子と酸素原子（あるいは窒素原子）の結合で，水素が必須である（**表1-3**）．

2次構造は，主鎖同士の水素結合[*2]によって形成される，αヘリックスやβ構造などの構造である（**図1-6**）．3次構造は，多様な側鎖のお蔭で，さまざまな相互作用が関与する（**図1-7**）．

一般的な化合物は，共有結合という強い化学結合によって成り立っている．例えば，先に出てきたアミノ酸同士のペプチド結合は，濃塩酸とともに100℃に加熱しないと切断されない．しかし，生体では，非共有結合とよばれる弱い結合が，大切な働きに多数寄与している．それらが，水素結合，イオン結合，疎水結合である．

疎水結合は，水に溶けにくい分子同士が水中でお互い集まる相互作用によってできる結合，イオン結合は，プラスの電荷をもったプラスイオンとマイナスの電荷をもったマイナスのイオンが電気的に引き合う結合である．水素結合は，水素原子が関係した弱い結合であるが，重要な生命機能にたくさん関与している．

3次構造形成でもう1つ重要な結合がある．これは，S-S結合でこれはアミノ酸システインの側鎖のSHが酸化してできる結合である．

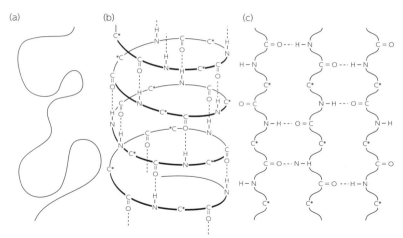

図1-6 タンパク質の2次構造． タンパク質の主鎖間同士の水素結合による相互作用による立体構造．（a）タンパク質が変性したときのランダムコイル，（b）らせん状構造，αヘリックス，（c）シート状のβ構造．

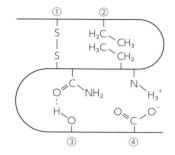

図1-7 タンパク質の3次構造を支える相互作用． ①SH基をもつシステイン同士の結合（S-S結合），②疎水結合，③水素結合，④イオン結合（静電気結合）などがある．

$$\bigcirc\text{-SH} + \text{HS-}\bigcirc \rightleftharpoons \bigcirc\text{-S-S-}\bigcirc + \text{H}_2$$

これによって遠く離れたシステイン同士が結合するので，立体構造形成に多大な貢献をする．

この2次構造と3次構造によってタンパク質は特異的な立体構造をとる．これは主として弱い相互作用によっているので，熱などの処理によって簡単に形は失われてランダムコイル（**図1-6（a）**）となる．これを変性というが，タンパク質は変性しやすい高分子である．しかし，条件を変えるともとの構造に戻る再生も可能である．

そして，この立体構造は，アミノ酸配列が決めている．そして，次節で説明するが，このアミノ酸配列は，遺伝子が決めている．

多くのタンパク質の主要なグループは，生体の化学反応を触媒する酵素タンパク質である

生体内では数限りなく多種類の化学反応が行われている．この化学反応を常温（例えば私たちヒトでは，36℃前後）で効率よく行うためには，**酵素**（enzyme）とよばれるタンパク質が必要である．これ自身は化学変化を受けずに，化学反応の進行を助ける触媒として働く．酵素が働く相手は**基質**（substrate）とよばれ，これが化学反応を受けて**産物**（product）となる．酵素は基質とうまく結合して効率よく化学反応を行う．そのために，それぞれの酵素タンパク質は，それぞれの基質とうまく結合するための独特の構造を持ち合わせている．

個々のタンパク質がさらに重合して大きなタンパク複合体もつくる．これを4次構造という．

タンパク質はさらに特定の機能を行うために複数のポリペプチド鎖[*3]（タンパク質）が，集まって1つの大きなタンパク質として機能している場合がある．これを4次構造という．

代表的なものとして，私たちの血液の中にある赤い赤血球の中にあるヘモグロビン，体内に侵入してきた病原菌などの異物に結合する抗体などがある．

ヘモグロビンは，酸素と結合するサブユニットが4つ集合していて（**図1-8**），酸素分圧が高い肺で酸素と結合し，酸素分圧が低い末梢組織で酸素を手放す．そのお蔭で，赤血球が肺からさまざまな器官に循環し，体中に酸素を運ぶことができる．ミオグロビンも酸素と結合する筋肉に存在するタン

[*3] 4次構造の一つひとつのポリペプチド鎖をサブユニットとよぶ．ヘモグロビンは4つのサブユニットで，ミオグロビンは1つのサブユニットからなる．

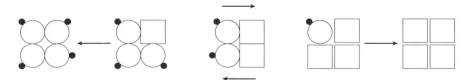

図1-8　タンパク質の4次構造：ヘモグロビン．ヘモグロビンは，4次構造をしていて，結合型と非結合型が非対称では不安定でその形を保持しにくい．そのため，ある中間段階のところで，突然，状態が変わる．○はヘモグロビンの酸素結合型，□は酸素非結合型である．●は酸素を示す．

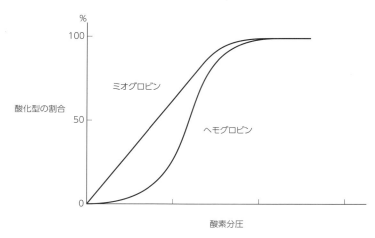

図 1-9 ヘモグロビンの酸素解離曲線. ヘモグロビンもミオグロビンも酸素と結合するタンパクである．ヘモグロビンは 4 個のポリペプチド鎖でタンパクを形成しているのに対して，ミオグロビンは，1 個のタンパクで 1 つの酸素と結合する．ミオグロビンの場合は，酸素濃度が低い所では，酸素濃度が高くなるにしたがって，直線的に結合型が増え，高濃度になると曲線は曲がってくる．これに対して，ヘモグロビンでは，酸素濃度が低い所では，中々酸素に結合せず，ある所で急に結合が進む．また，酸素濃度が高い所でも，酸素濃度が減っても酸素結合はなかなか減らず，ある所で，急に結合が減り始める．このような，両者の違いは，ヘモグロビンが 4 次構造をとっていることによる．

パク質であるが，4 次構造はとらず，1 つのサブユニットで機能している．

　ヘモグロビンは，赤血球の中に存在し，肺で酸素を結合して，末梢で酸素を離す働きを担っている．そのために，効率よい酸素との結合・解離が必要になる．4 次構造をとっているヘモグロビンでは，ヘモグロビンは，酸素濃度が低いときには，酸素と中々結合しにくく，酸素濃度が高いときには，中々酸素を離さない．それは，ヘモグロビンが 4 次構造をしていて，結合型と非結合型が非対称では不安定でその形をとりにくいためである．そのため，ある中間段階の所で，突然，状態が変わる（**図 1-9**）．これを協同現象というが，4 次構造をとらないミオグロビンでは，そのような事は起こらない．

　このようにタンパク質は複数のサブユニットタンパク質と結合して，特有な機能を可能にしている場合もある．免疫系で異物と特異的に結合して無力化させる抗体は，免疫グロブリンとよばれるタンパク質であるが，これも 4 つのポリペプチド鎖が集合して 4 次構造を形成している．これについては，2-2 免疫系で詳細に述べる．

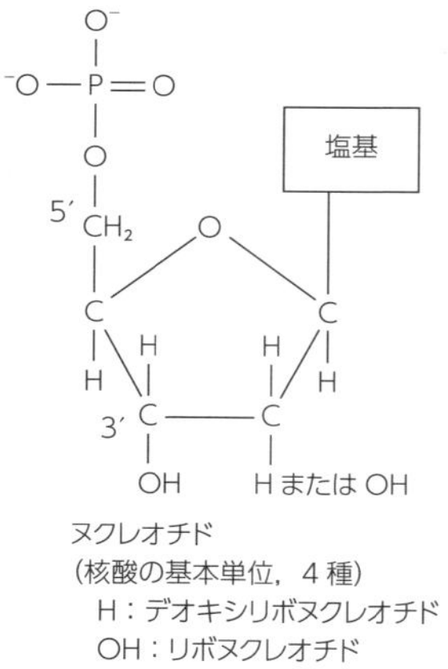

図 1-10 核酸のモノマーはヌクレオチドである． ヌクレオチドは塩基と五炭糖とリン酸よりなる．ヌクレオチドには 2 種類あり，それは，五炭糖の 2 番目の炭素についている側鎖の違いである．側鎖が，H の場合は，デオキシリボヌクレオチドで OH の場合はリボヌクレオチドである．

1-1-2　核酸：遺伝子の働き

　タンパク質とともに生体内でなくてはならない生体高分子が，**核酸**（nucleic acid）である．核酸は，遺伝の機能を担う生体高分子である．この大きな（実際は非常に長い）高分子もタンパク質と同様，少数の低分子の重合体である．核酸は，たった 4 種類の**ヌクレオチド**（nucleotide）とよばれるモノマーでできている．ヌクレオチドは，塩基（プリン塩基とピリミジン

塩基という塩基性物質なので，通常塩基とよぶ）と五炭糖（ペントース）とリン酸よりなる低分子である（**図 1-10**）．正確にいうと核酸は，**DNA（デオキシリボ核酸）** と **RNA（リボ核酸）** に分けられる．DNA のモノマーはデオキシリボヌクレオチドで RNA のモノマーはリボヌクレオチドである．両者の違いは，構成成分の五炭糖の部分が，デオキシリボースかリボースであるかの違いである．この違いは，わずかに五炭糖の 2 番目の炭素の側鎖が H であるか OH であるかの違いである（**図 1-11 下**）．

DNA は，deoxyribonucleic acid の略記で，デオキシリボヌクレオチド（deoxyribonucleotide）をモノマーとしたポリマーなので，**ポリデオキシリボヌクレオチド**（poly-deoxyribonucleotide）で，RNA は ribonucleic acid の略記で，リボヌクレオチド（ribonucleotide）をモノマーとしたポリマーなので，**ポリリボヌクレオチド**（poly-ribonucleotide）である．

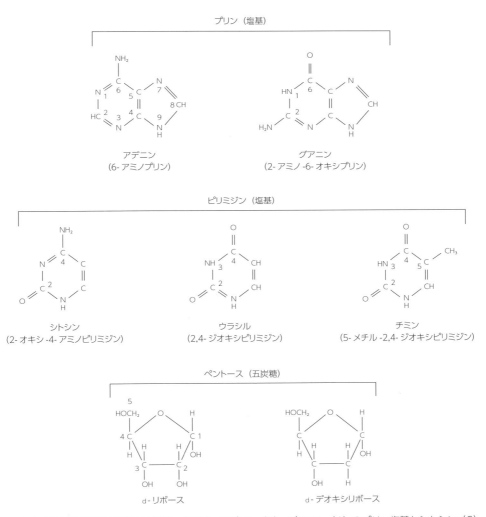

図 1-11　ヌクレオチドの構成分子の塩基と五炭糖．塩基は，アデニン（A），グアニン（G）のプリン塩基とシトシン（C），ウラシル（U），チミン（T）のピリミジン塩基よりなる．糖は，デオキシリボースとリボースである．A，G，C，T とデオキシリボースが DNA の部品で，A，G，C，U とリボースが RNA の部品である．

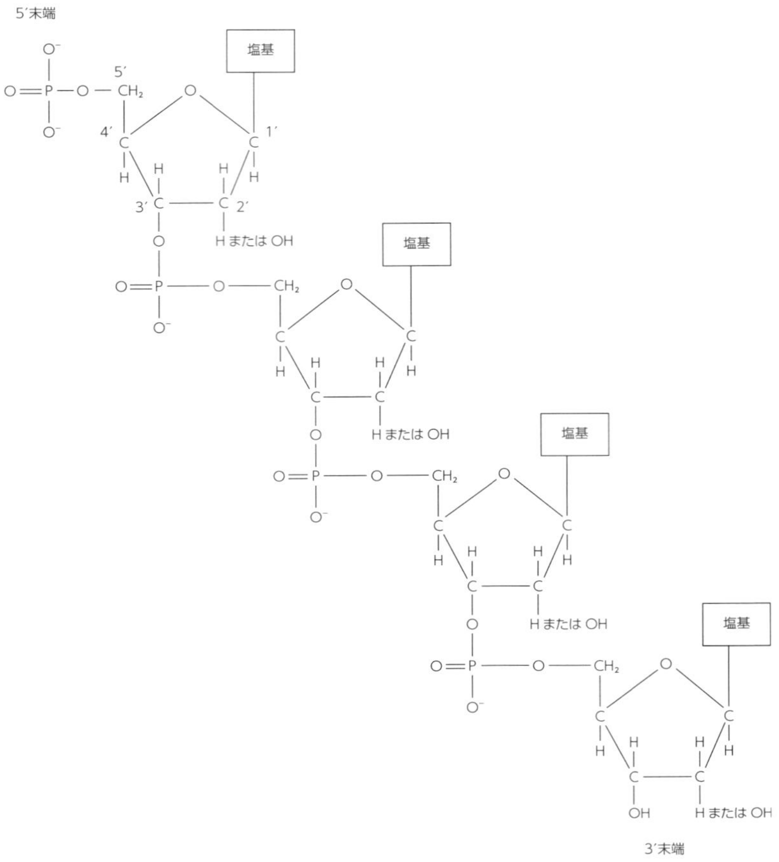

図 1-12 **核酸，ポリリボヌクレオチド，DNA と RNA の構造.** ヌクレオチドの重合体は，DNA も RNA も五炭糖の 3 番目の炭素に次のヌクレオチドのリン酸が結合して，長く伸びている．ポリリボヌクレオチドの 1 つの末端は，5′ の炭素についているリン酸がフリーの状態の 5′ 末端，もう 1 つの末端は 3′ の炭素にリン酸が付いていないフリーの状態の 3′ 末端である．ポリリボヌクレオチドが重合して伸びるときは，5′ 末端から 3′ 末端方向に進む．五炭糖の 2′ の側鎖が H の場合が DNA，OH の場合が RNA である．

*4) 炭素の番号に ′ の記号を付けるのは，同一分子内に他に同じ番号のつく炭素がある場合に区別するため．ヌクレオチドの場合，塩基の方にも環状に並ぶ炭素がありそちらの番号と区別するために五炭糖の炭素の番号の方に ′ の記号を付ける.

　DNA と RNA のモノマーに関して，もう 1 つの違いは，DNA の方は，塩基にアデニン（A），チミン（T），グアニン（G），シトシン（C）の 4 種を使っているのに対して，RNA の方は，チミン（T）の代わりにウラシル（U）を使っている（**図 1-11**）.

　これらの多数のヌクレオチドの重合の仕方は，次のヌクレオチドのリン酸が，前のヌクレオチドの五炭糖の 3 番目の炭素に結合することによって，次々につながっていく．そのため，最初のヌクレオチドの五炭糖の 5 番目の炭素についているリン酸はフリーで，最後のヌクレオチドの五炭糖の 3 番目の炭素にはリン酸のついていない状態になる．この最初の末端を，5′ 末端，最後の末端を 3′ 末端とよぶ（**図 1-12**）*4).

DNA は二重らせんで，RNA は一本鎖である

　DNA は，遺伝子の本体で，遺伝情報は 4 種のモノマーの配列でコードされている．すなわち，デオキシリボヌクレオチドの 4 種の**塩基配列**で書かれている．言い換えれば，A，T，C，G の 4 文字で遺伝情報は書かれてい

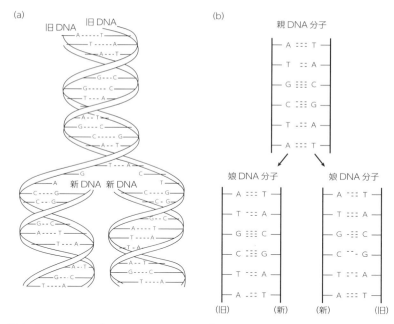

図1-13　DNAの二重らせん．DNAは二本鎖がらせん構造をしていて，塩基AとTの，CとGの相補的塩基対の水素結合で二本鎖は結合している．新しいDNAができるときも，1つの鎖を鋳型にして，鋳型の塩基の相補的塩基が，次々に来てもう1本の鎖ができる．そのため娘DNAは必ず古い鋳型にした鎖と新しくできた鎖の新旧二重鎖になる．

る．私たちヒトのDNAは，身長近くの長さにも及ぶ高分子であるが，ここに，4文字でヒトの遺伝情報は書かれている．このヒトの塩基配列は，近年，ヒューマン・ゲノム・プロジェクト[*5]によってすでにすべて読まれている．

　DNAのもう1つの特徴は，2つのポリヌクレオチド鎖が，二重鎖でらせん構造をしていることである（**図1-13**）．このときに，対面するヌクレオチド鎖の塩基のAとT，CとGで水素結合がつくられ，ジッパーのように二本鎖は結合している．水素結合は弱い結合なので，高温にさらされると2本鎖は簡単に分離し，温度を下げるとまた，二重鎖にもどる．

　この二重鎖のお蔭で，DNAは，安定な構造を維持できている．時に片方の塩基配列に異常が生じても，片方の鎖を鋳型にして，もとにもどす遺伝子修復[*6]も可能である．一方，RNAは，DNAに比べるともっと小さな分子で，1本の鎖である．これは分解などもされやすい，不安定な分子である．

生物には原核生物と真核生物がいる

　生物は，**原核生物**と**真核生物**に分かれる（**図1-14**）．原核生物は，単細胞の細菌などの生物で，原核細胞よりなる．この細胞は，細胞の中に特別な構造をもたず，DNAもむき出しで細胞内の化学反応は細胞質で行われる，比較的単純な細胞である．さらに単純な生物としては，**ウイルス**がいて，これは細胞ももたずタンパク質の衣とDNAをもつのみである．

　真核細胞は，酵母やゾウリムシのような単細胞の生物もいるが，ほとんどが多細胞生物である．これらは，真核細胞をもつ．真核細胞は，DNAを包む核という膜でできた構造をもち，それ以外にも細胞内に膜でできたさまざ

[*5] ヒトの遺伝子の塩基配列は，国際的なプロジェクト「ヒューマン・ゲノム・プロジェクト」によって2003年にすべて解読された．まだ何年もかかるといわれていたが，厚い電話帳1冊にもなる4文字で書かれた文字がすべて読まれたのである．

[*6] DNAは二本鎖でできているため片方の塩基に障害が起こっても，その部分を取り除いて，もう一方の塩基配列を鋳型にして，正常な塩基配列に修復する仕組みがある．これをDNA修復といい，2015年に欧米の3名の科学者がノーベル化学賞を「細胞内のDNA修復機構の解明研究」で受賞した．

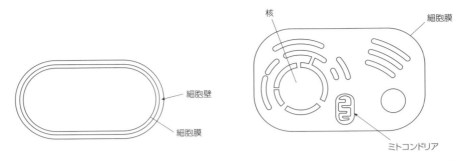

図 1-14　原核生物と真核生物の細胞の相違．真核生物は，DNA を含む核という核膜でつつまれた細胞内小器官オルガネラをもつ．それ以外にもさまざまな膜で囲まれたオルガネラを多種含む，複雑な構造になっている．それに対して原核細胞はそのような膜で囲まれた小器官をまったくもたない構造になっている．

まな**細胞内器官**，**オルガネラ**ももつ．例えばエネルギー分子である ATP を生産する**ミトコンドリア**や植物が光を使って有機分子を合成する**葉緑体**などである．真核細胞は，他にも小胞体，ゴルジ体，リソゾームなどさまざまなオルガネラをもつ複雑な細胞である．

原核生物の大腸菌など比較的単純な単細胞生物を使って遺伝に関する分子の仕組みが明らかになった：中心命題（セントラルドグマ）

　ワトソンとクリックが DNA の二重らせんの報告を 1953 年に行って以来，20 世紀の後半は大腸菌など比較的簡単な原核生物を中心に，遺伝子の分子生物学のブレークスルー（breakthrough）[*7]が始まった．その結果，約 20 年間の間に，遺伝子についての分子的な機構の全容が明らかになった．その中心的な考えをセントラルドグマ（中心命題，central dogma）とよぶ．

　その概要が**図 1-15** に示されている．DNA の中の塩基配列に遺伝情報が書かれていて，この塩基配列は DNA が増えるときには，配列は維持される（複製）．

　DNA は，たくさんの遺伝子情報がコードされていて，遺伝子発現が起こるときには，この 1 つの遺伝子が（すなわち DNA の一部が）RNA に読み取られる．すなわち，DNA の塩基配列の一部が RNA の塩基配列になる（転写）．この RNA の塩基配列が解読されてアミノ酸配列になり（翻訳），タンパク質のアミノ酸配列となる．このアミノ酸配列によって，タンパク質は独特の立体構造をとり，独特の機能が可能になる．すなわち，遺伝子はどのようにアミノ酸が並んだタンパク質をつくるかを記述していたのである．

遺伝情報は DNA（デオキシリボ核酸）の塩基配列として書かれていて，これが遺伝情報が保存されたまま，増える：複製

　DNA の二重らせんの中では，A と T および，C と G が二重結合している．これを相補的塩基対とよぶ．これは，DNA の二重らせんにとどまらず，特定の遺伝子を鋳型にして新しい遺伝子がつくられるときにも働く原理である．

　遺伝子ができるとき，すなわち，ヌクレオチドのモノマーが重合してポリヌクレオチドの DNA や RNA ができるときには，既存の最終ヌクレオチド

*7）　科学の進歩はいつも同じスピードで進むわけではなく，「進歩」の時期と，「停滞」の時期を繰り返しながら進む．この進歩の時期の急激な大発展をブレークスルーという．

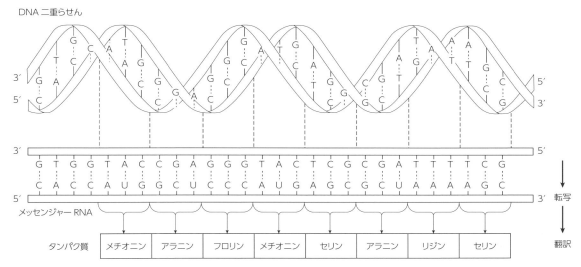

図1-15 セントラルドグマの模式図．20世紀後半の原核生物の遺伝子の分子生物学の研究によって遺伝子について明らかになった基本的な考えをセントラルドグマという．DNAの塩基配列に遺伝子がコードされていて，それは増えるときには塩基配列は保存されたまま，増える（複製）．DNAにコードされているそれぞれの遺伝子は，mRNAの塩基配列に読み取られる（転写）．この塩基配列を解読してアミノ酸配列に変え（翻訳），タンパク質ができる．このようにDNAの塩基配列は，タンパク質の1次構造を決めていることが判明した．

の五炭糖の3′の部分に新しいヌクレオチドのリン酸部分が結合して進行する．その場合に4種のどの塩基をもつヌクレオチドが来るかは，鋳型にする遺伝子の塩基配列が決める．鋳型がTなら，Aをもつ新しいヌクレオチドが来るというように，鋳型の相補的塩基対が新しく来るヌクレオチドを決める．

嬉しいことに各個人は，世界で唯一自分一人の遺伝子をもつ．しかし，受精卵の1個から始まった体内のすべての細胞は，すべて同じ遺伝子をもつ．すなわち，細胞が増えるときには，同じ遺伝子をもったDNAが同時に増えるのである．

この場合，DNAは二重らせんのそれぞれの一方の鎖を鋳型に新しい遺伝子をつくる．そのため，元の古い遺伝子から，旧と新のそれぞれの鎖による遺伝子が2つできる．これらの娘DNAは親DNAと同じ塩基配列をもつことになる（**図1-13**）．

このような半保存的複製[*8)]の仕組みで，DNAは細胞とともに増えるときには，もとの塩基配列を維持したまま増えることになる．この仕組みを**複製**とよぶ．

[*8)] **図1-13**にあるように，娘DNAができるときは，もとのDNAの片方を鋳型にしてできるために，新しい娘DNAは，古いDNAと新しいDNAの二重らせんになる．このことを半保存的複製という．

タンパク質が合成されるときには，DNA の塩基配列は，RNA の塩基配列にコピーされる，これを転写とよぶ

　遺伝子の発現は，DNA に書かれている塩基配列を読んで，最終的にタンパク質のアミノ酸配列に変えることである．そのために，まず，DNA の一部の特定のタンパク質をコードする塩基配列を，RNA に読み取ることが必要で，これを**転写**（transcription）という．この転写物を **mRNA（メッセンジャー RNA**，伝令 RNA）とよぶ．

　転写の重要なポイントは，転写を行う大きなマシーン（タンパク質）である **RNA ポリメラーゼ**の働きである．もう 1 つは，RNA ポリメラーゼが特異的に結合する**プロモーター**といわれる DNA の区別な場所である．

　プロモーターには，RNA ポリメラーゼが結合するための特別な塩基配列があり，ここを認識して RNA ポリメラーゼが DNA に結合する．同時に，プロモーターは転写開始の場所でもある．

　DNA を鋳型にして RNA を合成するのは，化学的には，

$$nATP + nUTP + nCTP + nGTP + DNA →$$
$$(AMP，UMP，CMP，GMP)n + nPP + DNA$$

と書ける．

　RNA ポリメラーゼ（DNA 依存 RNA 合成酵素）は，巨大なマシーンで，DNA のプロモーターに結合後，DNA を移動しながら，二重らせんをほどきながら，一方の DNA 鎖の塩基配列を鋳型にして，ATP，UTP，CTP，GTP の 4 種のヌクレオシド 3 リン酸[*9]（ヌクレオチドは 1 リン酸であるが，これにさらに 2 個のリン酸が加わったもの）を使って，ヌクレオチドをつなげていって，RNA を伸張してゆくのである（**図 1-16**）．

　転写の最後では，DNA にターミネーターといわれる，転写終了を示す特別な塩基配列の領域があり，ここで転写が終了するとともに，RNA ポリメラーゼは DNA より離れる．

mRNA の塩基配列は，最終的にはアミノ酸配列に読み替えられてタンパク質になる，これを翻訳とよぶ

　mRNA に読み取られた塩基配列は，解読されてタンパク質のアミノ酸配列になる．これを**翻訳**という．翻訳においては，特別な RNA，**tRNA（トランスファー RNA**，**運搬 RNA**，transfer RNA）が主役として働く．RNA には，転写で主役を務めるメッセンジャー RNA，翻訳で主役の transfer RNA ともう 1 つ翻訳の場をつくるリボゾーム RNA がある．

　tRNA[*10]は，**図 1-17** にあるように，独特なクローバ状の形をした RNA で一部相補的塩基対同士で二重鎖を示す部分と，そうでなくてループ状を示す部分がある．tRNA には，2 つの重要な領域がある．1 つは 5′ 末端に近い特定のアミノ酸と結合する部分と，もう 1 つはちょうど中間部分のループ状の 3 つの塩基配列の部分である．この部分を**アンチコドン**（anticodon）とよび，mRNA の塩基配列 3 個と結合する部分である．これによって，

*9) 塩基とリボースの複合体をヌクレオシドという．ヌクレオシド 1 リン酸がヌクレオチドである．ヌクレオチドの誘導体として，もう 1 つリン酸が加わったヌクレオシド 2 リン酸，さらにもう 1 つリン酸が加わったヌクレオシド 3 リン酸がある．ヌクレオチドが重合して伸びていくときにはヌクレオシド 3 リン酸が来て，リン酸 2 個のピロリン酸がはずれることによって，新しいヌクレオチドが加わる．

*10) tRNA は，さまざまな異常塩基とよばれる通常の 4 種以外の塩基もさまざま含んでいる．例えば，イノシンなどが代表的なものである．イノシンはすべての塩基と相補的結合する塩基である．この働きは，**図 1-17** の図の説明のとおりである．このように，異常塩基にはさまざまな理由がある．

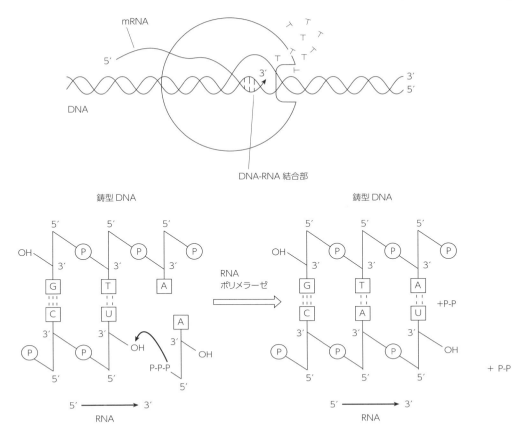

図 1-16 DNA を鋳型にした RNA の合成．(a) mRNA を合成するのは RNA ポリメラーゼ（RNA 合成酵素，RNA polymerase）である．この酵素は，複雑大型のマシーンである．DNA のプロモーターに結合した後，転写を開始する．DNA を移動し，DNA の二重らせんをほどきながら，DNA の塩基配列を鋳型にして，mRNA の合成を行う．移動しながら合成反応を進め，mRNA は伸びていく．転写中の部分では，DNA と RNA が二重鎖をつくっているが，転写が終了した部分では，再び DNA の二重らせんに戻っていく．最終的には，転写終了の DNA にたどり着いて，ポリメラーゼと新生 mRNA は DNA よりはずれ，転写が終了する．(b) DNA を鋳型にして RNA が合成される反応は，DNA の塩基と相補的な塩基をもつヌクレオシド 3 リン酸（ヌクレオチドはヌクレオシド 1 リン酸で，これはヌクレオチドに 2 リン酸が加わったもの）が来て，最終的にヌクレオチドが新しく RNA の塩基として加わって，5′ → 3′ の方向に RNA は伸びる．

tRNA は，転写された mRNA とアミノ酸を結び付ける（**図 1-18**）．

mRNA の塩基配列は，3 つの塩基配列が，1 つのアミノ酸に対応している．この mRNA の 3 つの塩基配列を**コドン**（codon），あるいは，遺伝子コードとよぶ．これは**表 1-4** に示されている．例えば，UCU，UCC，UCA，UCG の mRNA の塩基配列は，アミノ酸のセリン（Ser）を指定する．このように複数個のコドンが 1 つのアミノ酸に対応することが多い．この場合，UC の 1 番目と 2 番目の塩基でアミノ酸が決まり，3 番目の塩基はどれでも良い場合も多い．

ナンセンスコドンといわれる，アミノ酸に対応しないコドンもある．この場合は，そこで翻訳が終了して，タンパク合成が終了する終止コドン（STOP）である．翻訳開始のコドンもあり，AUG と GUG である．しかし，これらは同時にそれぞれメチオニン（Met），バリン（Val）のアミノ酸を指定する．だから，合成直後のタンパク質は，N 末端がメチオニンかバリンで

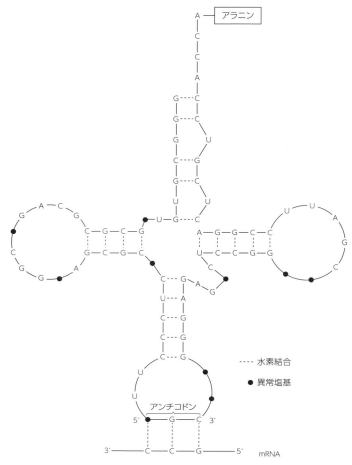

図 1-17　transfer RNA（tRNA，運搬 RNA）の構造． 3′末端に特有のアミノ酸と結合する部分をもち，中央部分（図では下部）の 3 個の塩基はアンチコドンとよばれ mRNA と結合する．こうして，tRNA は mRNA の塩基配列とアミノ酸を結び付ける．tRNA には，異常塩基[*10)] も含まれる．

ある．

　それぞれのアンチコドンをもつ tRNA には，そのアンチコドンに対応したアミノ酸が結合する．この反応を触媒するのが，アミノアシル tRNA 合成酵素である．この酵素タンパク質にはそれぞれのアンチコドンに対応した種類があり，それぞれアンチコドンとアミノ酸を同時に認識して，間違いないアミノ酸が結合した**アミノアシル tRNA** を生産する（**図 1-19**）．

　そうして mRNA の塩基配列を読んで，その配列通りにアミノ酸を並べてタンパクをつくる場が，リボゾームとよばれるタンパク質複合体である．これは，2 つの大きなサブユニットと rRNA（リボゾーム RNA）の団子のような複合体で，これに mRNA が結合し，リボゾームが mRNA に沿って移動しながら，翻訳が進行する．その様子が，ごく簡単に**図 1-20** に描かれている．

　このようにして，DNA の遺伝情報である塩基配列は，最終的にタンパク質のアミノ酸配列として遺伝子発現する．このアミノ酸配列が，エネルギー最少の原理により，折りたたまれて立体構造をもった機能タンパク質になる．

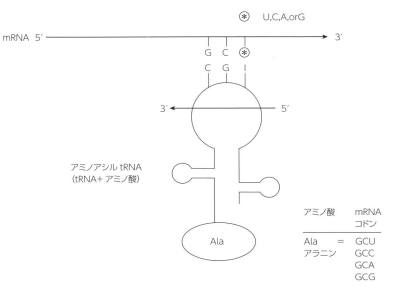

図1-18 アミノアシル合成酵素によるmRNAのコドンとアミノ酸の仲介. それぞれのアミノ酸を結合したアミノアシルtRNAは，そのアミノ酸に対応したmRNAのコドンに結合する．この図の場合は，アミノ酸，アラニン（Ala）の場合である．アラニンに対応するmRNAのコドンは，GCU，GCC，GCA，GCGである．このアミノアシルtRNAはCGIのアンチコドンをもつ．I（イノシン）は，異常塩基[10]で，すべての塩基と相補的結合をする．アラニンのように3番目の塩基は何でも良い場合には，3番目に対応する塩基がIだと都合が良い．そのため，このアンチコドンをもったアラニンと結合したアミノアシルtRNAは，アラニンをコードするすべてのmRNAと結合ができる．

表1-4 遺伝コード表：mRNAのコドンとアミノ酸の対応

1番目の塩基	2番目の塩基				3番目の塩基
（5′末端側）	U	C	A	G	（3′末端側）
U	Phe	Ser	Tyr	Cys	U
	Phe	Ser	Tyr	Cys	C
	Leu	Ser	STOP*2	STOP*1	A
	Leu	Ser	STOP*2	Trp	G
C	Leu	Pro	His	Arg	U
	Leu	Pro	His	Arg	C
	Leu	Pro	Gln	Arg	A
	Leu	Pro	Gln	Arg	G
A	Ile	Thr	Asn	Ser	U
	Ile	Thr	Asn	Ser	C
	Ile	Thr	Lys	Arg	A
	Met*1	Thr	Lys	Arg	G
G	Val	Ala	Asp	Gly	U
	Val	Ala	Asp	Gly	C
	Val	Ala	Glu	Gly	A
	Val*1	Ala	Glu	Gly	G

*1 開始信号の一部となる．　*2 停止信号の一部となる．

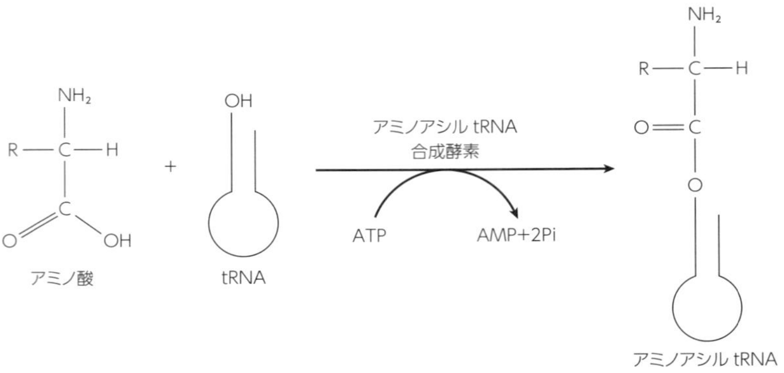

18   1-1 生体高分子

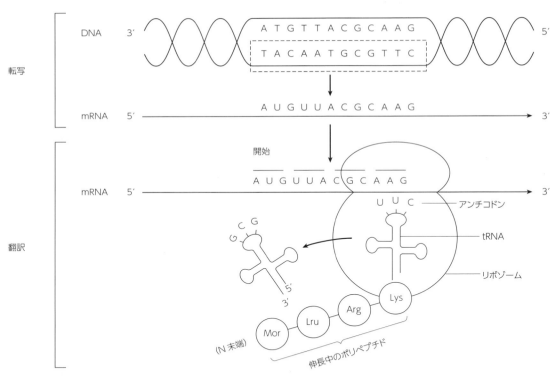

図 1-19 アミノアシル tRNA 合成酵素によるアミノアシル tRNA の合成. それぞれ異なるアンチコドンをもつ tRNA は，それぞれのアンチコドンに対応したアミノ酸と結合する．このアミノアシル tRNA を合成するのが，アミノアシル tRNA 合成酵素である．この酵素は tRNA とアミノ酸の組み合わせを認識して結合を行う必要があるので，たくさんの種類がある．

図 1-20 リボゾームにおける mRNA の塩基配列からタンパク質のアミノ酸配列への翻訳. リボゾームというタンパク質複合体において，mRNA が移動しながら，塩基配列がアミノ酸配列に読まれ，タンパク質ができる．そのときに，アミノ酸と結合し，アンチコドンで mRNA のコドンと結合するアミノアシル tRNA がその橋渡しをする．

複雑な真核生物の遺伝子についても，セントラルドグマは間違っていない

　原核生物の分子遺伝学は，さらに進んで真核生物の分子遺伝学に発展している．複雑な細胞構造をもつ多細胞生物である動物や植物などの真核生物の遺伝子の仕組みは，原核生物とは多くの違いがみられる．しかし，前節で述べたセントラルドグマは，真核生物でも正しいことが明らかになっている．

　すなわち，(1) 遺伝情報はDNAの二重らせんの塩基配列にコードされていて，それは，保存されつつ複製される，(2) DNAの塩基配列は一本鎖のRNAの塩基配列に転写されて，(3) RNAの塩基配列が，3個の塩基配列が1つのアミノ酸に対応する形で，タンパク質のアミノ酸配列に翻訳される，これらのセントラルドグマは真核細胞でも保たれている．

　両者の大きな違いは，(1) 真核生物の場合，DNAは核の中にヒストンとよばれるタンパク質と複合体をつくって折りたたまれて格納されている，(2) DNAのタンパクを指定する遺伝子の塩基配列の中には，アミノ酸配列をコードしている部分（**エキソン**）以外に，それらをコードしていない部分（**イントロン**）が含まれる．そのため，転写されたRNAは，イントロンの部分が切り出されてエキソンの部分をつなぐ**スプライシング**という機能により再構成される．それによって成熟RNAができて，これが翻訳されてタンパク質になる（**図1-21**）．

　このような仕組みのお蔭で，例えば1つの遺伝子から，複数の類似タンパク質をつくることが可能になり，タンパク質の種類数が爆発的に増える．例えば，**図1-22**で例が書かれているが，1つのタンパク質から，ABCD，ABC，ABD，ACD，などたくさんの異なったタンパク質合成が可能になる．

　それ以外にもたくさんの遺伝子発現を複雑にする仕組みがみられる真核生

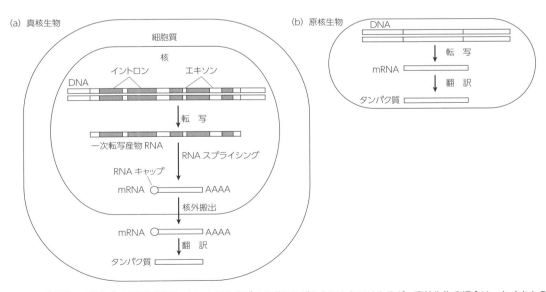

図1-21　原核生物と真核生物の遺伝子発現．セントラルドグマの考えはどちらにもあてはまるが，真核生物の場合は，たくさんの複雑な機構が加わっている．特に特徴的なのが，タンパク質の遺伝子をコードしている部分に，原核生物と同様，アミノ酸配列をコードしている塩基配列（エキソン）とそうでない配列（イントロン）を含んでいることである．そのため，転写されたmRNAは，イントロンが切り出されてエキソン部分のみからなる成熟mRNAにスプライシングされる．ここが大きな違いである．

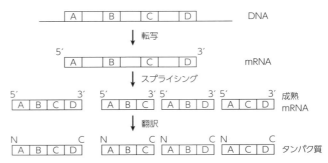

図 1-22 真核生物での選択的スプライシングによる多くの類似タンパク質の合成. 真核生物では，スプライシングによって，1つの遺伝子からたくさんの類似タンパク質の合成が可能になる．このことを選択的スプライシングという．

物においても，セントラルドグマは生きているようである．このような研究を通じて，研究者は，DNAをさまざまな部位で切り出すハサミやそれをくっつけるノリに対応した分子を見つけ出し，原核生物の遺伝子の中に真核生物の遺伝子を導入する技術もつくり出した．最近では，もっと進んで，特定の狙った遺伝子を改変する遺伝子編集という強力な技術も開発されている（4-2 遺伝子操作とクローニング参照）．

1-1-3 脂質，糖質：もう2つの生体高分子

その他の主要な生体高分子として，脂質（脂肪）と糖質（炭水化物）がある．

脂質は細胞膜の重要な構成成分である

脂質は，通常，**グリセリン**と**脂肪酸**よりなる分子である．脂肪酸は**図 1-23，24**にあるように末端にカルボキシル基をもつ長い炭化水素で，水に溶けにくい，疎水性の強い分子である．脂質は，グリセリンの3つの炭素にそれぞれエステル結合で3つの脂肪酸が結合したものである．これは，**中性脂肪**で，マーガリンやバターのようにまったく水に溶けにくい，生体では，私たちのウエストの脂肪細胞にたまりずんどうの体形にさせるあの脂肪である．

同時に脂質は，細胞を取り囲む生体膜の重要な構成成分である．しかし，この脂質は，一部水にも溶ける．**図 1-25**にあるように中性脂肪の1つの脂肪酸が親水性の物質に代わって，これがリン酸を介してグリセリンに結合している．これを**リン脂質**という．すなわち，リン脂質は，2個の脂肪酸の疎水部分と1個のリン化合物の親水部分よりなる．

細胞膜は，このリン脂質の疎水部分が内側に集まり，親水部分が外側（細胞の内側の水表面と外側の水表面）に顔を出す二重層になっている．この中に，タンパク質などが組み込まれたり，付着したりして，細胞内と細胞外をつなぐ物質輸送などの機能を担っている（**図 1-26**）．

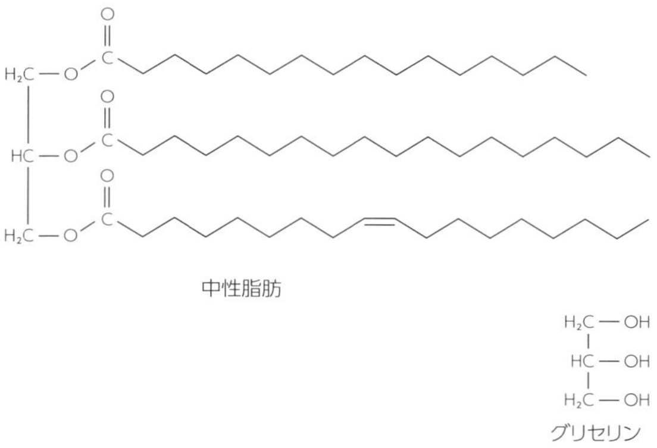

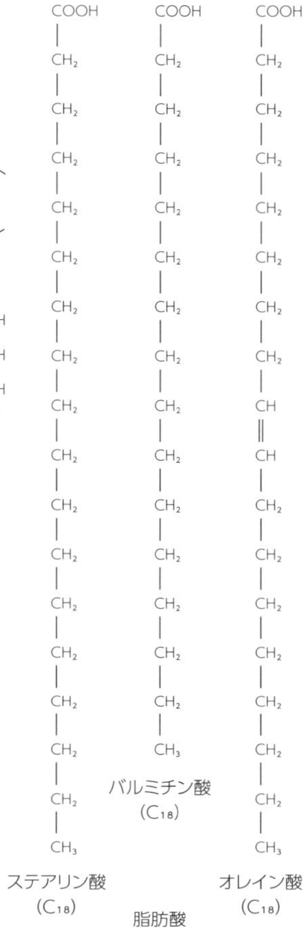

1章　いのちの基礎　21

図 1-23　脂質（脂肪）の構造. 脂質は，炭素を3つ含むグリセリンと長い炭水素である脂肪酸で成り立っている．脂肪酸は，末端にカルボキシル基（COOH）をもった，長い炭素と水素でできた炭化水素で，非常に水に溶けにくい．グリセリンに3個の脂肪酸が結合したものがトリグリセリド（中性脂肪）とよばれ，バターやマーガリンのように非常に水に溶けにくいものである．また，これは，エネルギー貯蔵物質として，私たちのウエストなどの脂肪細胞にたまり，中年太りを起こさせるものでもある．

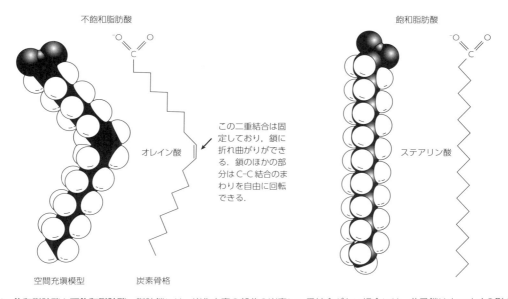

図 1-24　飽和脂肪酸と不飽和脂肪酸. 脂肪鎖には，炭化水素の部分の炭素に二重結合がない場合には，分子鎖はまっすぐの形をする．これが飽和脂肪酸である．途中に二重結合をもつものが不飽和脂肪酸で，これは二重結合の部分で屈曲する．脂肪酸には，何百種と知られているため，細胞膜のリン脂質も大きな多様性を示す．

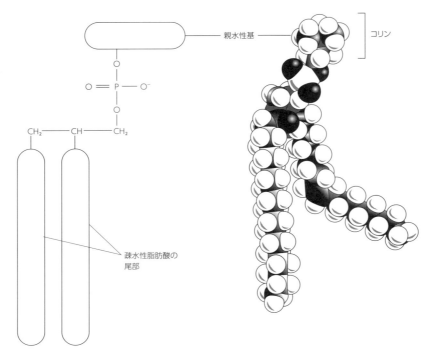

図 1-25 細胞膜の主成分，リン脂質．脂質にも，水によく溶ける部分（親水性）をもつものがあり，それがリン脂質である．トリグリセリドの 3 個目の脂肪酸が，親水性の分子に変わり，これがグリセリンとリンを介して結合している．この図では，親水性分子としてコリンが使われているホスファチジルコリンの場合の構造が示してある．

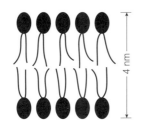

図 1-26 細胞膜はリン脂質の二重層．疎水性の 2 本の脂肪酸とリンを介して親水性の分子と結合しているリン脂質は，細胞膜の主成分である．細胞膜は，リン脂質の疎水性の部分が内側に集まり，細胞の内外の水溶液に接する部分に親水基が顔を出す構造になっている．すなわち，細胞膜の基本構造は，リン脂質の二重層である．

糖質は，直鎖状のみならず，分岐状や網状の複雑な重合体をつくって，さまざまな生体機能を担っている

　糖質は，炭水化物ともよばれ，私たちの食物の主食としてエネルギー源になるものであるが，同時に生体ではさまざまな機能を担っている．複雑な糖質というポリマーを形成するモノマーは単糖類である．代表的な単糖類は，5 個か 6 個の炭素からなるもので，環状の構造をとる．5 個の炭素からなる五炭糖にはリボース，キシロースなどが，6 個の炭素からなる六炭糖にはグルコース（ブドウ糖），ガラクトース，フルクトースなどがある（**図 1-27**）．
　糖質は，モノマーである単糖がグリコシド結合によってオリゴ糖（短いもの）や多糖（長いもの）になる．デンプン，グリコーゲン，セルロースなどは典型的な多糖類である．グリコーゲンは，グルコースの重合体で，動物の貯蔵多糖として知られ，エネルギー源の貯蔵物質して肝臓でつくられて貯蔵される．一方，デンプンは，陸上植物におけるグルコース貯蔵の一形態であり，グリコーゲン同様，分岐状の複雑な形態を示す（**図 1-28**）．セルロースも複雑な多糖類で，植物細胞の細胞壁や植物繊維の主成分である．
　動物細胞の表層は，さまざまなオリゴ糖で覆われていて，さまざまな機能を担っている．この場合，タンパク質や脂質と結合した糖タンパク質，糖脂質の状態が多い．私たちの血液型を決める ABO 式血液型決定物質も 11 ないし 13 の単糖からなるオリゴ糖でタンパク質と結合した糖タンパク質である（**図 1-29**）．

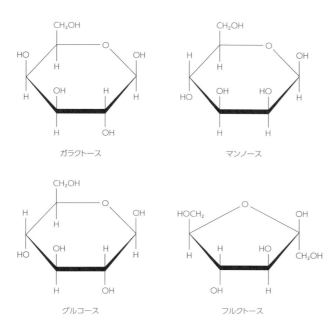

図1-27 単糖，六炭糖の代表的なもの．単糖として代表的なものは，ヌクレオチドの構成成分である五炭糖とこの図にある六炭糖である．グルコース（ブドウ糖），ガラクトース，マンノース，フルクトース（果糖）などが代表的な六炭糖で，通常は直鎖型の構造よりは，環状の構造をとる．

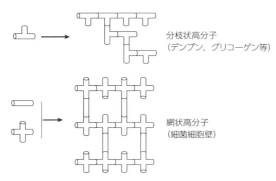

図1-28 多糖類の複雑な構造．タンパク質，核酸が直鎖型高分子であるのに対して，多糖類は分枝状や網状複雑な高分子構造を取るものがある．デンプン，グリコーゲンなどは，分枝状で，細菌の細胞壁は網状の高分子構造を取る．

また，前節で述べた核酸のモノマーのヌクレオチドは，リボース，デオキシリボースなどの5つの炭素でできた五炭糖の単糖を含んでいる．

1-2　生命の階層構造：分子から細胞を経て個体・生態系まで

複雑な生命現象も，それを生物階層に分けて考えると理解しやすくなる．生命の単位は細胞である．

階層の最初のレベルは分子で，生体ではタンパク質や核酸などの生体高分

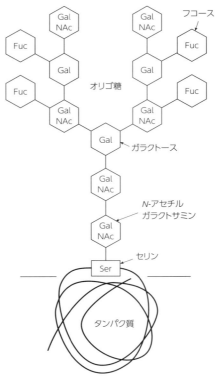

図 1-29　血液型を決める糖質．細胞表面には，色々な糖鎖が存在している．赤血球の表面にある ABO 式の血液型を決めるのも糖質で，比較的少数の糖でできているのでオリゴ糖といわれる．この図は，A 型のものである．この物質はタンパク質と結合した糖タンパク質である．

子が主要成分である，これらが集合して細胞内小器官をつくり，さらに生命の最少単位であり，まさに生命の始まりである細胞となる．生物の中には細菌やゾウリムシのような1個の細胞からなる単細胞生物も存在する．私たちのようなたくさんの細胞からなる多細胞生物も，最初は受精卵（卵子と精子が合体した細胞）という1細胞から始まる．まさに細胞は生命の単位である．

　よく似た細胞が集まったものが組織で，さらに組織が集まって器官ができる．さらに循環系・呼吸系・神経系・免疫系のようなシステム（系）ができ，最終的に1つの個体になる．これが，外界に対して反応を行う生物の単位となる．

　同じ種の個体がたくさん集まって個体群をつくり，社会性が現れる．動物の個体群は植物群とも一緒になって群集となり，環境と生物系が一緒になって，生態系ができる．

　このように生物界はたくさんの階層によって成り立っていて，それぞれの階層でそれぞれ異なる法則が成立する．

生物界の階層：
生体高分子→細部内器官→細胞→組織→器官→器官系→個体→
個体群→生物群集（コミュニティー）→生態系→生物圏

　この生物を眺めてみると，著しい多様性とこれらの棲み分けと共生の姿が浮き上がる．私たちにとってかけがえのない地球上には，さまざまな動植物が生きている．これらはそれぞれ姿，形も大きさも違い，また，生きる場所もさまざまに違うように，さまざまな仕方で命の営みを行っている．このように生物の営みは，多様性に満ちている．また，これらは，互いにさまざまな形で関わりあって，食う食われるの関係も含め広い意味で共存しながら棲み分けを行ってそれぞれの命を長らえている．これが動物も含めた生物の本質であり，この共存は生物の理解にとって欠かせない視点である．

2章

いのちの働き

システム（系）における細胞連携

　生体のさまざまなシステム（系）では，さまざまな細胞が，互いに協力し合いながらそれぞれの系の機能を効率よく遂行している．この細胞同士の巧妙な連携の様子を見てみよう．そこでは，さまざまに独特な生体高分子を使った細胞同士の連携の姿が見える．この章では生体の代表的な系における細胞同士の情報伝達と生体機能の分子基盤を概観しよう．

2-1　内分泌系：いのちの恒常性

　私たちは食事をすると血液中のブドウ糖濃度（血糖値）が上昇する．そうすると膵臓よりインシュリンという**ホルモン**[*1)]が出て，これが循環系を介して，肝臓細胞に運ばれる．そこで，インシュリンの命令によって肝臓細胞は血液中のブドウ糖を細胞内に取り込んで，血糖値を下げる．

　現代の飽食習慣の中で，インシュリンの働きが悪くなり，高血糖の状態が続く状態になると，尿からもブドウ糖があふれ出す糖尿病[*2)]になる．この場合には，エネルギー源であるブドウ糖を体内に取り込めないとか，尿に糖が漏れ出すといった事態よりも，もっと深刻なこととして血管の劣化が進み，多くの大変な合併症を生き起こすことである．ひどいときには，内科的な疾病であるにも関わらず，足の切断を余儀なくされることもある．

　インシュリンのようにある細胞（この場合は膵臓の細胞）から遠く離れた他の細胞（肝臓の細胞）に情報を伝えるために，シグナル分子（ホルモン）[*3)]を血管中に放出することを**内分泌**という．ホルモンは，色々な分泌細胞から血液に放出されて，**標的細胞**にたどり着いて，それぞれの情報に従った，細胞反応を起こさせる．このようにして，内分泌系は，微量のホルモンを使って，重要な恒常性維持の機能を果たしている．**図2-1**には，さまざまなホルモンを分泌する内分泌器官が示されている．

ホルモンは，分泌細胞から血液中に放出され，循環系にのって，標的細胞にたどり着く

　他に，ある細胞から遠くの細胞に情報を伝えるシステムとして，神経系のシナプス型シグナル伝達がある．この場合には，情報を出す側の神経細胞は受け取る神経細胞や筋肉細胞に，とても長い神経線維を伸ばし，先端で神経伝達物質というシグナル分子を出す．長い神経線維を高速で電気信号が伝わ

*1)　焼肉屋などで食べる「ホルモン」は，大阪の方言の「ほうるもん」（いらないもの）から来ているようで，内分泌の「ホルモン」とは無関係のようである．

*2)　糖尿病には，1型糖尿病と2型糖尿病がある．1型は，小児期に起こることが多いため小児糖尿病ともよばれる．膵臓のインシュリン分泌細胞が壊れて，インシュリンが正常に分泌されないために起こる病気である．とても気の毒で，本人には責任はないのに，自分でインシュリン注射をしなければならない．通常の糖尿病はほとんどが2型で，飽食・運動不足・肥満・アルコールの過飲など良くない生活習慣によって起こるメタボ疾患である．インシュリンの放出が上手く働かない場合とインシュリンの効きが悪くなる場合がある．

*3)　細胞同士の間で情報を伝える分子，細胞間情報伝達物質を，広くシグナル分子という．すなわち，内分泌系のシグナル分子はホルモンで，神経系では神経伝達物質である．

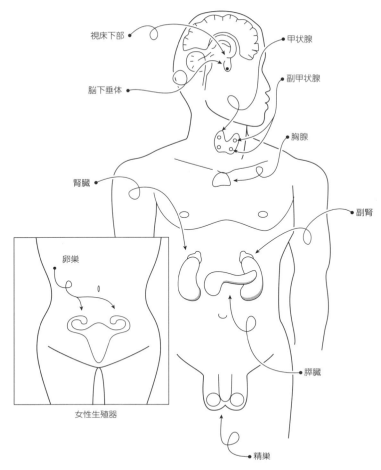

図 2-1　ヒトの主な内分泌器官． ヒトのホルモンを分泌する細胞を含む内分泌器官の主要なものが示されている．ここから出るホルモンは循環系を使って体中を駆け巡るが，それぞれのホルモンはどこにでも作用する訳ではなく，作用する細胞はそれぞれのホルモンによって決まっている．これを標的細胞という．

り，最近傍でシグナル分子を出して，間違いなく相手の細胞に情報を伝えている（**図 2-2（b）**）．

　それでは，すべてのホルモンが血管に出される内分泌系では，そこの仕組みはどうなっているであろうか．内分泌系ではすべてのホルモンが血管に出されるので，混乱しないのであろうか．それは，大丈夫である．**図 2-2（a）**に示されているように，それぞれのホルモンを受けとる細胞（標的細胞）は，それぞれのホルモンを認識するアンテナ（ホルモン受容体）をもっていて，分泌細胞と標的細胞の関係は正確に保たれているのである．

　ホルモンには，水によく溶ける**親水性ホルモン**と，油によく溶ける**疎水性ホルモン**に分けられる．ホルモンには，**ペプチドホルモン**と**アミン型ホルモン**と**ステロイドホルモン**の 3 種がある．先に述べた血糖値の調節に関係するインスリンはアミノ酸が重合したペプチドである．アドレナリンなどはもっと小型の分子で，1 つのアミノ基をもつアミン類で，アミン型ホルモンである．この 2 つは水によく溶ける親水性ホルモンで，一般的なホルモン

2章　いのちの働き：システム（系）における細胞連携　29

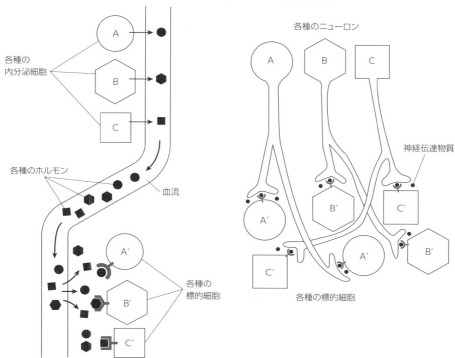

図 2-2　内分泌シグナル分子とシナプス型シグナル分子．(a) の内分泌シグナル伝達では，すべてのホルモンは血液循環系に分泌されるが，それぞれのホルモンが作用する標的細胞は，きちんと決まっている．A，B，C の分泌細胞は，それぞれ A，B，C のホルモンを血管に放出する．そうして，A′，B′，C′の標的細胞は，それぞれ，ホルモン A，B，C にのみ結合する受容体を持っている．それで，分泌細胞と標的細胞の関係は保たれている．(b) の神経系のシナプス型シグナル伝達では，それぞれの標的細胞に長い線維を伸ばしていて，非常に近接部分のみで，神経伝達物質というシグナル分子を放出して，情報伝達を行っている．

ということができこの節で取り扱う．ステロイドホルモンは，水に溶けにくく，油に溶けやすい疎水性ホルモンで，性ホルモンが代表的である（**図2-3**）．このホルモンは，環境ホルモンとも関係があるので，4-5 環境ホルモンで解説する．

親水性ホルモンは，細胞表面の受容体に結合したら終わり，後は，細胞内情報機構が処理してくれる

　親水性ホルモンの場合は，標的細胞の受容体に結合するとその役割は，終わりである．インスリンが，標的細胞のドアをたたいて，外から「俺は遠くの膵臓国からきたインスリンというものである．俺が来たからには，君達はしっかり血糖値を下げてくれ」と大きな声で叫んだら終わりである．そうすると細胞内の親分が，「俺らにまかせろ．しっかりやるからね．」と言って，その辺のさまざまな職人を使って，細胞反応を遂行してくれる（**図2-4**）．

　その様子を示したのが，**図 2-5** でこれを細胞内情報伝達機構とよぶ．
　まず，ホルモンが受容体にくっつくと，細胞内の cAMP が増える．これがこの機構の親分である．まず，細胞膜にあるアデニル酸シクラーゼ（AC）

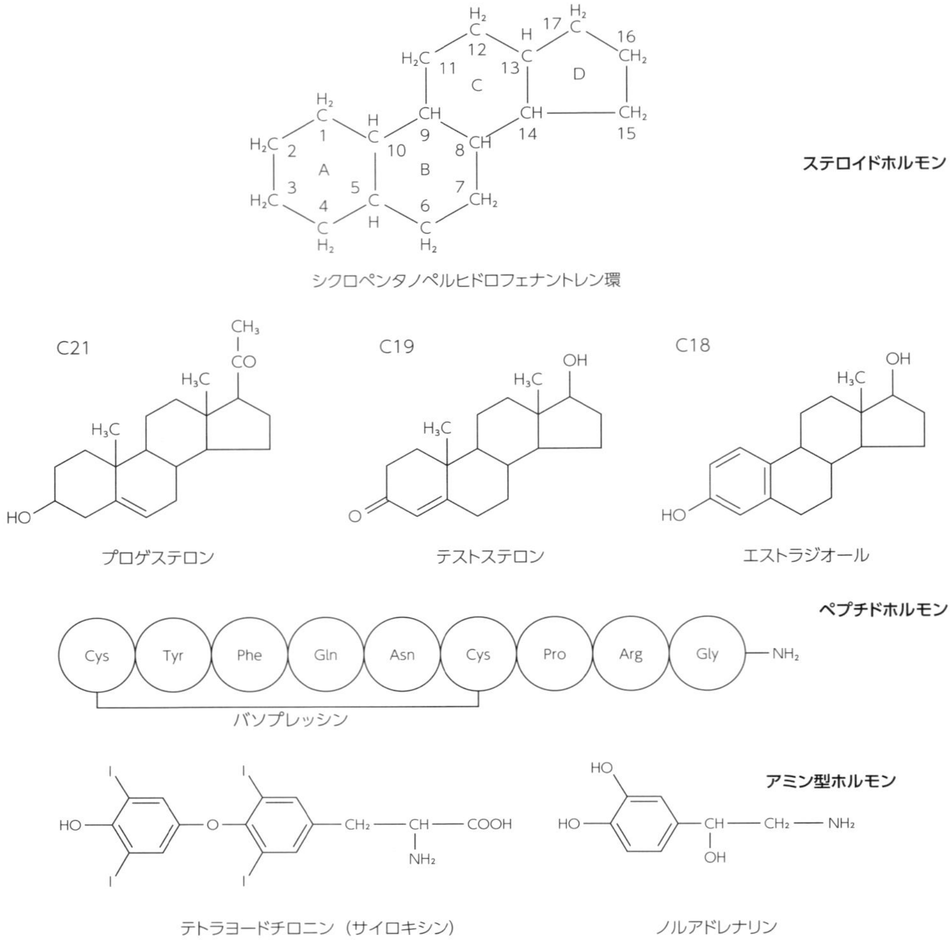

ステロイドホルモン

シクロペンタノペルヒドロフェナントレン環

C21 プロゲステロン
C19 テストステロン
C18 エストラジオール

ペプチドホルモン

Cys-Tyr-Phe-Gln-Asn-Cys-Pro-Arg-Gly-NH₂

バソプレッシン

アミン型ホルモン

テトラヨードチロニン（サイロキシン）
ノルアドレナリン

図 2-3　ホルモンの種類．ホルモンは，水によく溶ける親水性ホルモンと油によく溶ける疎水性ホルモンからなる．親水性ホルモンには，インシュリンなどのペプチド・ホルモンとノルアドレナリンなどのアミン型ホルモンがあり，疎水性ホルモンには性ホルモンなどのステロイド・ホルモンがある．

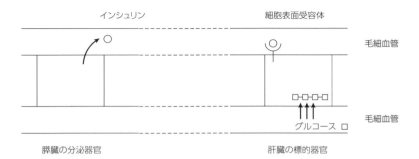

図 2-4　インシュリンの血糖値減少作用．血糖値減少の働きをするホルモン，インシュリンの旅路と作用を示している．食事をして血糖値が上昇すると，膵臓の分泌細胞からインシュリンが血管中に放出される．そうするとインシュリンは血液循環系にのって体中をかけめぐる．そうして肝臓のインシュリンの標的細胞の細胞表面受容体に結合して，情報を伝える．そうすると，細胞内にその情報が伝わり，血液中のグルコース（ブドウ糖）を取り込んで，グリコーゲンを合成する反応が起こる．それによって血糖値減少の生理反応が起こる．このインシュリンの情報を受け取って仕事を行う仕組みが細胞内情報伝達機構である．

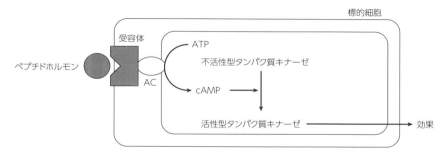

図 2-5　親水性ホルモンの作用機構の模式図． 親水性ホルモンは，細胞表面の受容体に結合する．その後はその情報が細胞内に伝わり，最終的な細胞反応が起こる，細胞内情報伝達機構がある．この機構の主人公は cAMP である．

という酵素が活性化される．これは，ATP を基質にして，cAMP を合成する反応を触媒する（**図 2-6**）．この cAMP がタンパク質キナーゼ（PK，タンパク質リン酸化酵素）を活性化する．PK は，他のタンパク質にリン酸を 1 つ付け加える．そうすることによって，今まで寝ていた不活性のタンパク質はリン酸化されることによって目が覚める（活性型になる）．

PK: Protein Kinase（タンパク質リン酸化酵素）

$$\square \xrightarrow{PK} \bigcirc\!-\!P \tag{2.1}$$

不活性タンパク質　　　活性型タンパク質

それによって，次の化学反応の連鎖が進んで（インシュリンの場合だと，ブドウ糖を重合してグリコーゲンをつくる反応），最終的な細胞反応（インシュリンの場合は，毛細血管からブドウ糖の細胞への取り込みによる血糖値の減少）を遂行する．

この様子を初めて明らかにしたのは，サザランド[*4)]で，彼は，アドレナリン（エピネフリン）[*5)]による血糖値の上昇の場合についてすべてを明らかにした．しかし，それはアドレナリンの場合のみではなくて，多くのホルモンで同様の共通の仕組みが働いていることが判明した．その共通の仕組みをわかりやすく示したのが，**図 2-5** であり，より正確に記したのが**図 2-7**である．

多くのホルモン受容体は G タンパク質共役型受容体である

まず，ホルモンが，受容体（R）に結合すると，アデニルシクラーゼが活性化されて，この酵素が働いて，cAMP ができる．この場合には，G タンパク質（G）というタンパク質の仲介によってアデニルシクラーゼ（AC）が活性化される（**図 2-7**）．

G タンパク質とは GDP[*6)]結合タンパク質のことで，これは，ホルモン受容体とアデニルシクラーゼの仲介の働きをする．受容体（R），G タンパク質（G），アデニルシクラーゼ（AC）は，同じ細胞膜に存在している．受容体にホルモンが結合すると，受容体が活性化し，隣の G タンパク質を活性化する．活性化した G タンパク質は隣のアデニルシクラーゼを活性化し，cAMP ができる．

[*4)] エール・ウィルバー・サザランド・ジュニア（Earl Wilbur Sutherland Jr.）はアメリカ合衆国の生理学者で，「ホルモンの作用機作に関する発見（cAMP に関する研究）」で 1971 年にノーベル生理・医学賞を受賞した．

[*5)] アドレナリンは，日本人の高峰譲吉が 1900 年に発見・命名した分子である．アメリカではこれをエピネフリンとよぶ．これは，発見時の日米のいざこざが関係しているようで，アメリカ側の不公正さを示している．

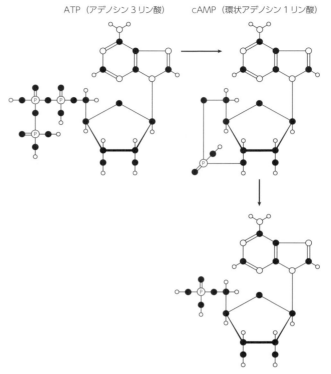

図 2-6 細胞内情報伝達機構の主役の cAMP の合成と分解. cAMP は，ATP を基質にして，アデニル酸シクラーゼによってつくられる．また，cAMP は，5′ AMP に分解される．ここの ATP（アデノシン 3 リン酸），cAMP（環状アデノシン 1 リン酸），5′ AMP（アデノシン 1 リン酸）は，どれも生体で重要な機構を担うヌクレオチド分子である．

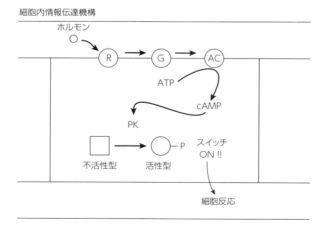

図 2-7 細胞内伝達機構の詳細. R はホルモン受容体，G は G タンパク質，AC はアデニルシクラーゼ，cAMP は環状アデノシン 1 リン酸，PK はタンパク質リン酸化酵素．説明は本文 2-1 参照．

このときに，活性化したGタンパク質はGDPを離し，GTP[*6]と結合する．

この活性化したGタンパク質は，自身で，GTPをGDPとP（リン酸）に分解して，再び不活性のGDPと結合したGタンパク質にもどる性質ももっている．そのため活性化した，生命過程がもとの静かな状態のもどるのに貢献している．このようにGタンパク質と共役して機能を発現する受容体をGPCR（Gタンパク質共役型受容体）[*7]とよび，ホルモン受容体は多くがこのタイプである．

そうして合成されたcAMPがタンパク質リン酸化酵素（PK）を活性化して，不活性なタンパク質にリン酸を付加して活性型のタンパク質にして，最終的な細胞反応にいたる化学反応の連鎖のスイッチが入るのである（**図2-7**）．

細胞内情報機構の親分はcAMPである，これをセカンドメッセンジャーとよぶ

cAMPは，正確にいうと**環状アデノシン1リン酸**（cyclic AMP）で，$5'$ AMPやATPの仲間である．RNAのモノマー，ヌクレオチドの類似物である．$5'$ AMPと非常に構造がよく似ていて，$5'$ AMPでは，$5'$（リボースの5番目の炭素）に結合しているリン酸がフリーになっているのに対して，cAMPではそのリン酸が$3'$（リボースの3番目の炭素）に結合して，環状になっているだけである（**図2-6**）．

$5'$ AMPは，RNAの4種の構成単位の1つである．ATPはすべての生物のエネルギー物質である．ここにまた，細胞内情報伝達物質としてcAMPが現れる．本当に，最重要な異なる機能に，このように非常によく似た分子が使われていることに驚かされる．

細胞外からやって来るシグナル分子（ホルモン）を細胞外ファーストメッセンジャー（1st messenger）というのに対して，その情報を細胞内で伝えるcAMPのことを細胞内**セカンドメッセンジャー**（2nd messenger）という．

セカンドメッセンジャーは，最初にcAMPがホルモン系で発見されたが，その後，数種の分子が発見され，セカンドメッセンジャーはさまざまな系で，さまざまな分子が機能を果たしていることが明らかになった．すなわち，さまざまなシグナル分子が，たくさんの異なる系で働いていて，細胞は色々な細胞内伝達機構で反応している（例えば，2-4-3 感覚の分子機構参照）．

2-2　免疫系：いのちの防衛

私たちは，一度ハシカなどの病気にかかって治癒すると，次からはハシカにはかからない．このような現象から免疫（疫を免ずる）という言葉が出てきた．今日では，この免疫とは，自己と非自己を厳密に区別して，非自己（異物）に対しては，これを不動化・不活性化・除去する能力のことをいう．

私たちはこの免疫の機能のお蔭でいのちを永らえている．私たちの身体は多くの栄養素が詰まっていて，しかも36〜37℃近くに温められていて，細菌などにしてみれば，こんな素晴らしいご馳走はない．

*6) AMP，ADP，ATPは，それぞれ1-2の核酸の節で出てきた，アデノシン1リン酸，アデノシン2リン酸，アデノシン3リン酸で，塩基がアデニン（A）であるヌクレオチドとその誘導体である．GMP，GDP，GTPも同様に塩基がグアニン（G）のグアノシン1リン酸，グアノシン2リン酸，グアノシン3リン酸である．

*7) 細胞はホルモン以外にも色々な種類のシグナル分子の情報を受けとって反応している．そのため，GPCRはさまざまな細胞で働いている．その事情を反映して，製薬会社の創薬部では，GPCRが大人気である．GPCRに影響を与える化学物質は，有効な薬になるとの考えである．

34　2-2　免疫系：いのちの防衛

*8)　エイズは，Acquired Immune
Deficiency Syndrome の略記 AIDS
のことで，日本語では，後天性
免疫不全症候群とよばれる.

しかし，細菌に食い荒らされることなく命をつないでいるのはこの生体防御機構のお蔭である．そのことがよくわかるのが**エイズ**（AIDS）*8)である．エイズはエイズウイルスによって免疫系の司令塔のT細胞が攻撃を受け免疫機能が不全になる疾病である．エイズを発症すると，例えば通常では感染しないカビによって肺炎が起こり，命を失う．このカリニ肺炎は，免疫系が機能しているヒトでは起こらないので日和見感染とよばれている．このように，私たちの命を永らえるために免疫系は必須の機能である.

しかしこの免疫系も私たちの日々の生活で困ったことも引き起こす．その1つが**アレルギー**である．子供のアトピー性皮膚炎，さまざまな年齢層の人々に現れる花粉症などである．これも免疫の過剰反応である．もっと深刻なのが，**自己免疫病**である．よく知られているのが女性に多いリューマチである．免疫系は自己・非自己を厳密に区別できるのであるが，この場合には，自分の関節の軟骨の糖鎖に対して，免疫系が攻撃を仕掛けるのである．すなわち，自分の身体に対して，拒絶反応が起こっているようなものである．それで，炎症が起こるだけでなく，自分の軟骨が防衛反応として肥厚することも起こり，免疫系の疾病であるにもかかわらず，外科的手術が必要になることもある．よくみられる病気であるが，とても大変な難病である．1型糖尿病もインシュリンを放出する膵臓の細胞が免疫系に攻撃されるやはり自己免疫病である．一方，通常の場合は，自己・非自己の区別が厳密に行われ，お蔭で自己免疫病から免れている.

さらに，これは人間の勝手な希望であるかもしれないが，臓器移植の場合の**拒絶反応**も困ったものである．同じヒトでありながら，他人の臓器を移植すると，臓器を受けた方は自分ではない臓器と認識して，拒絶反応が起こる．最近では，臓器移植の技術自体は進んでいるが，この拒絶反応の克服は非常に困難である．シクロスポリンなどの免疫抑制剤を飲み続けることが唯一の対処法である（この辺の詳細については，4-3-1 臓器移植の諸問題のところで述べる）.

このように，私たちの免疫系は，なくてはならないもので，同時に，自己と非自己の区別を厳密に行う機構である.

免疫機能にはすべての動物がもつ自然免疫と脊椎動物がもつ適応免疫がある

生体防御の機構は，すべての生物に備わっているもので，これを**自然免疫**とよぶ．それに加えて，脊椎動物では，もっと巧妙な免疫機能が発達していて，これを**適応免疫**とよぶ．自然免疫は，その反応が無差別的・非特異的で病原菌の侵入を防いだり，侵入してきたときに最初に起こる速い反応である．ここでは**顆粒球**といわれる白血球と**マクロファージ**といわれる貪食細胞が活躍する．これらは通常血管中にいるが，毛管をつくる内皮細胞の間をすり抜けて細菌感染部位まで移動していって，そこで貪食をする（図 2-8）.

このように，白血球などが血管を通過する場合は，血管を構成する内皮細胞同士の結合が緩む．それによって血液が血管外に出るためにできる赤い色のふくらみが蕁麻疹（じんましん）である．適応免疫は，自然免疫を突破してきた病原菌を排除する仕組みである．これは，抗原特異的な抗体という武器を使い効率よく病原菌を排除する．また，一度これを経験すると，記憶機

2章 いのちの働き：システム（系）における細胞連携　35

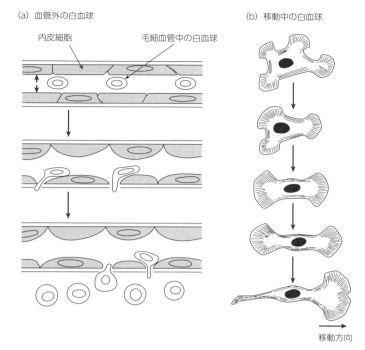

図 2-8　白血球の感染部位への移動と病原菌の貪食． 血液中の白血球（顆粒球）は，病原菌の感染を受けた組織から出る各種シグナル分子を介して血管外に出て細菌にたどり着き貪食する．シグナル分子の一部は，血管の内皮細胞に働き，内皮細胞同士の接着をゆるめ，血管壁の透過性を増す．また，内皮細胞の変化により血液中の白血球が，ここに付着し，内皮細胞の間をくぐり抜けて，外に出て，感染部位に移動する．

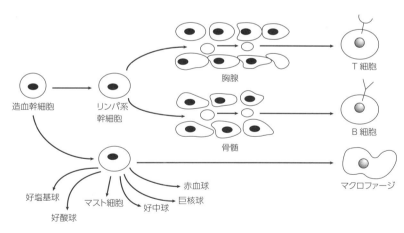

図 2-9　免疫系で働く各種血液細胞． 各種血液細胞は，造血幹細胞より，分化・生産される．自然免疫で働く白血球の顆粒球（好中球，好塩基球，好酸球），マクロファージに加え，適応免疫で働くリンパ球（B細胞，T細胞）とマクロファージなどがある．

構が働いて，次に同じ病原菌が侵入すると，より速やかに効率よく排除できる．

　これらの私たちの免疫系を担う細胞は，すべて血液細胞である．酸素を運ぶ赤血球以外は，すべて生体防御機構に貢献している（**図 2-9**，**表 2-1**）．

36   2-2　免疫系：いのちの防衛

表 2-1　ヒトの各種の血液細胞. 赤血球以外は，すべて，免疫などの生体防御に関係している.

細胞の種類	主な機能	ヒトの血液中の平均的濃度 (細胞 /l)
赤血球	O_2 と CO_2 の輸送	5×10^{12}
白血球		
顆粒球		
好中球	侵入細菌を捕食し殺す	5×10^9
（多形核白血球）		2×10^8
好酸球	大型の寄生生物を殺し，アレルギー性炎症反応に関与する	4×10^7
好塩基球	特定の免疫応答においてヒスタミンとセロトニンを放出する	4×10^8
単球	組織中でマクロファージになり，これが侵入した微生物や異物，老化した細胞を捕食，消化する	
リンパ球		
B 細胞	抗体をつくる	2×10^9
T 細胞	ウイルスに感染した細胞を殺し，他の白血球の活性を調節する	1×10^9
ナチュラルキラー細胞	ウイルス感染細胞や一部の腫瘍細胞を殺す	1×10^8
血小板	血液凝固を開始する	3×10^{11}
（骨髄の巨核球から生じる細胞断片）		

適応免疫では，それぞれの異物に特異的に結合する抗体が武器になる

　脊椎動物で発達した適応免疫では，外界から侵入してきたさまざまな異物に対して，その異物にのみ結合する**抗体分子**を生産し，異物に対する有効な武器として使用している．私たちの体内に赤痢菌が入ってきたときには，赤痢菌の抗体のみを作製して，例えばコレラ菌の抗体はつくらない．抗体分子は，**免疫グロブリン**とよばれるタンパク質で 4 個のポリペプチド鎖でできている（**図 2-10**）．この分子には，さまざまな抗原と特異的に結合する可変領域と構造が一定の定常領域よりなる．抗原と結合する部位，可変領域は 2 カ所ある.

　抗原・抗体反応（抗体が特定の抗原を認識して両者が結合する反応）を行う部分が可変領域で，ここで特異的な結合が起こる．外界には無数の抗原が存在しているため，免疫グロブリンは多種類必要となる．実際に私たちは，200 万種類の異なる抗体分子をつくることができる[*9]．病原体に対して抗体をつくることができると，さまざまな効率の良い方法で，病原体を無力化・削除できる.

　まず，（1）抗体には，抗原結合部位が 2 カ所あるため，複数の抗体分子で抗原（異物，病原体）が動けなくなる．（**図 2-11**）．（2）貪食細胞のマクロファージは，抗体の定常領域を認識して結合するアンテナ（受容体）をたくさんもっている．それで，抗体が結合した病原体を見つけ，喜んで貪食する．（3）抗体分子が結合した病原体に対しては，免疫系が抗体を認識して，細胞や病原体を殺す武器である補体系が働きやすい．（4）抗体分子が結合した病原体は，感染・増殖のためにヒトの細胞内に侵入しようとするが，表面に結合している抗体が邪魔になって，細胞内に入れない．病原体が細胞内に侵入するときには，ヒトの細胞表面にある糖鎖などに結合して細胞内に入

*9）　タンパク質は遺伝子を使ってできることは第 1 章で述べた．抗体の免疫グロブリンもタンパク質である．しかし，このタンパク質は非常に種類が多い．抗体分子のためだけに，200 万種類の遺伝子を用意しているとは考えられない．それでは，数少ない遺伝子から，どのようにして多種類の抗体タンパクができるのであろうか．この問題を解決したのが，日本人の利根川進（理化学研究所脳科学総合研究センター所長）である．「多様な抗体を生成する遺伝的原理の解明」の研究で，1987 年のノーベル生理学・医学賞を受賞している.

2章　いのちの働き：システム（系）における細胞連携　　37

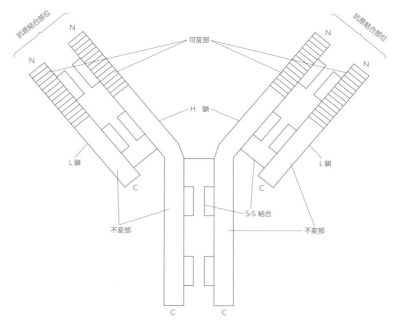

図 2-10　抗体分子，免疫グロブリンの構造．抗体分子（免疫グロブリン）の分子構造．4個のポリペプチド鎖よりなり，これらはS-S結合でお互い結合している．抗原と結合する抗原結合部位は2カ所ある．ここは抗体の種類でさまざまに違う可変部で，抗体同士で共通の不変部もある．

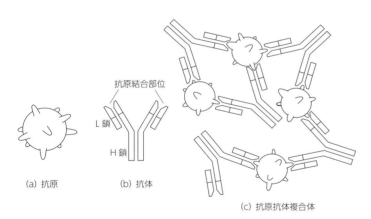

図 2-11　抗原抗体反応による抗原抗体複合体．抗原結合部位が2カ所あるため，複数の抗体分子で抗原（異物，病原体）が動けなくなる様子を模式的に示したものである．

るが，抗体分子が付いているので，立体障害で細胞表面に上手く結合できないのである．

　これらさまざまな仕組みで，抗体は効率よく体内に侵入した病原菌の感染・増殖を抑え，やっつけることができる．このように，病原菌の抗体さえつくれば，免疫系を働かせることができる．

適応免疫は，B 細胞の示す体液性免疫応答と T 細胞の細胞性免疫応答が中心である

　ヒトのリンパ組織は，中枢リンパ組織である**骨髄・胸腺**と末梢リンパ組織の**リンパ管**や**リンパ節**などからなる．中枢リンパ組織は，造血幹細胞や適応免疫の中心になるリンパ球のできる骨髄と，適応免疫の司令塔であるリンパ球のできる胸腺である．末梢リンパ組織は，体中に走っているリンパ管とリンパ節などで，そこでリンパ球は抗原と遭遇して各種免疫反応を行う（**図2-12**）．

　適応免疫の主役は，**B 細胞**と **T 細胞**の**リンパ球とマクロファージ**である．B 細胞の B は，骨髄（bone marrow）の頭文字，T 細胞の T は，胸腺（thymus）の頭文字である．B 細胞は骨髄で造血幹細胞より B 細胞に分化し，末梢リンパ組織で抗原と出会い，**体液性免疫応答**とよばれる免疫反応を行う．T 細胞は胸腺で幹細胞から分化し，末梢リンパ組織で抗原と出会い，**細胞性免疫応答**とよばれる免疫反応を行う（**図 2-13**）．

　この B 細胞の体液性免疫応答と T 細胞の細胞性免疫応答が適応免疫の核心的な出来事である（**図 2-13**）．

B 細胞の体液性免疫応答とは，体内に侵入してきた異物に対して特異抗体を生産することである．

　B 細胞の体液免疫反応とは，末梢リンパ組織で出会った異物に対して，その異物に特異的な抗体分子をつくることである．200 万種類もある抗体分子の中で，侵入してきた異物に結合する抗体のみをつくり出すことである．

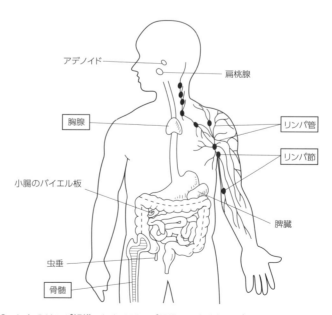

図 2-12　ヒトのリンパ組織．ヒトのリンパ組織は，免疫細胞がつくられる骨髄・胸腺の中枢リンパ組織と，免疫細胞が抗原と出会って，免疫反応を行うリンパ管・リンパ組織などの末梢リンパ組織がある．免疫細胞は，血管と末梢リンパ組織の間を行き来していて，効率よく免疫の機能を遂行している．

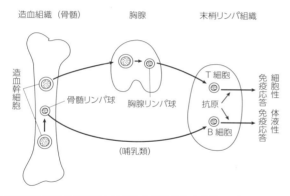

図 2-13　B 細胞の体液性免疫応答と T 細胞の細胞性免疫応答．B 細胞は骨髄でつくられ，T 細胞は胸腺でつくられ，それぞれ末梢リンパ組織で抗原と出会って，体液性免疫応答，細胞性免疫応答を行う．

　その仕組みは，今日では，**クローン選択説**として理解されている．免疫系では，抗体分子（これは，通常は細胞外に放出されて働くものである）を細胞膜に結合させて，アンテナのように外部に露出させている未熟な B 細胞を用意している．このそれぞれの未熟な B 細胞は，それぞれ異なる抗体分子をアンテナとしてもっている．すなわち，**図 2-14** の N は莫大な数で 200 万くらいある．この中で，外から侵入してきた抗原（図の Ag）と抗原・抗体反応ができる B 細胞のみ（図ではクローン X）が，増殖し，最終的に抗体分子を細胞外に放出できる細胞に分化し，特定の抗体分子のみを大量に生産できるのである（**図 2-14**）．

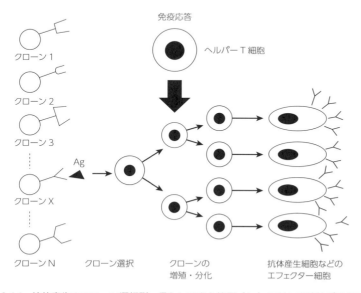

図 2-14　抗体産生のクローン選択説．侵入してきた抗原（Ag）に対して抗体ができる仕組みを示したクローン選択説．たくさんの未熟な B 細胞が，アンテナとして膜に結合した抗体分子をもっている．外からの抗原（Ag）に結合するアンテナをもつ B 細胞のみが増殖し，分化して，同一の抗体のみを細胞外に分泌する．それによって，Ag に対する抗体のみ多数できる．

T細胞の細胞性免疫応答とは，他細胞から抗原の提示を受けて行う免疫反応である

　T細胞の示す細胞性免疫応答とは，さまざまな細胞より抗原の提示を受けて，T細胞がそれに反応する現象である．ここには，壮絶な免疫の物語があり，これを知ると「ああ，免疫系はここまでして私たちの命を守ってくれているのか．そうだとすると，私たちも自分自身の身体を大切にしなければ」と実感できると思う．

　T細胞には**キラーT細胞**と**ヘルパーT細胞**がある．まず，キラーT細胞の場合の説明をしよう．病原菌やウイルスが細胞内に侵入して感染が起こった細胞は，細胞内に病原体の異物が蓄積する．この異物を切断して，自分の手（これはわかりやすく比ゆ的に黒い手とよぶことにしよう）を使って，つかんだ異物を細胞外に示す．このときに感染細胞は，「私は，このような異物をもつ病原体に感染してしまった．このままでは，菌がどんどん増殖して，旦那様に害が及ぶ．どうぞ，私を殺して，菌の増殖を防いでください．」と叫んでいる．

　キラーT細胞は，異物をつかんだ黒い手を，自分のアンテナで探していて，これを見つけると「よしゃ，わかった．辛いだろうけど殺してやるね」と言って，感染細胞を消滅させる．キラーT細胞は，抗原提示を認識すると，活性化を受けて，**補体**というタンパク質を感染細胞に放出する．そうするとこの補体は感染細胞の細胞膜に突き立って，穴をあけ，細胞に大量の水が入ってきて破裂して，感染細胞は消滅する（図2-15）．

　同じことががん化した細胞でも起こる．がん化した細胞は，やはり正常ではないタンパク質が異物として細胞内にたまるので，その一部を黒い手で抗原提示する．そうするとこれをキラーT細胞はこれを認識して，がん細胞を除去するのである．

　このように，キラーT細胞をめぐる細胞性免疫応答では，私たちを守るために細胞達は自分で死滅する道を選んでいるのである．なんとけなげな事

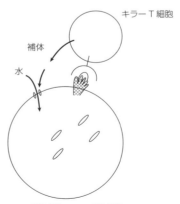

図2-15　キラーT細胞の細胞性免疫応答．病原菌が感染した細胞やがん化した細胞は，異物のタンパク質の一部を黒い手でつかんで抗原提示する．これをキラーT細胞が認識して，補体を打ち込む．それによって細胞膜に穴があいて，感染細胞やがん化細胞は死滅する．

か。このキラーT細胞は，正確には，**細胞障害性T細胞**とよばれ，黒い手はタイプ1**MHC分子**とよばれる．

もう1つのT細胞，ヘルパーT細胞の場合はどうか．この場合も抗原提示を受けて反応を行うことは一緒である．B細胞が侵入してきた抗原に対する抗体分子をつくるときに，クローン選択説が働くことはすでに述べた．この場合，未熟のB細胞が自分の抗体に結合する抗原に出会った場合には，その抗原とアンテナの抗体を細胞内に取り込んで，抗原の一部を白い手でつかんで外に抗原提示する．このときには，B細胞は「俺の担当の抗原が来たから，俺は急いで増えて，抗体をつくらなければならない」と叫んでいる．この抗原をつかんだ白い手を，ヘルパーT細胞が自分のアンテナ（T細胞受容体）で認識して，この細胞を増やすために**サイトカイン**というタンパク質を放出する（**図2-16（a）**）．

サイトカインは色々な系で使われる，細胞の増殖・分化を促進するタンパク質である．特に免疫系のサイトカインで構造の決定されたものを**インターロイキン**（IL, interleukin）といい，IL-1, IL-2のように番号を付けてよんでいて，各種の異なるインターロイキンが見つかっている（**表2-2**）．それで，ヘルパーT細胞から出るサイトカインを受け取ったB細胞のみが大量に増殖し，単一の抗体がつくられることになる（**図2-16（a）**，**図2-14**）．

大貪食細胞のマクロファージも，同様にヘルパーT細胞に抗原を提示する．マクロファージは自然免疫で侵入した病原菌などを無差別に貪食する．その貪食した抗原の一部をヘルパーT細胞に抗原提示する．この場合には，「オーイ，こんな抗原が侵入してきたぜ．みんなで頑張って敵をやっつけろ」と叫んでいる．そうすると抗原提示によって活性化したヘルパーT細胞は，

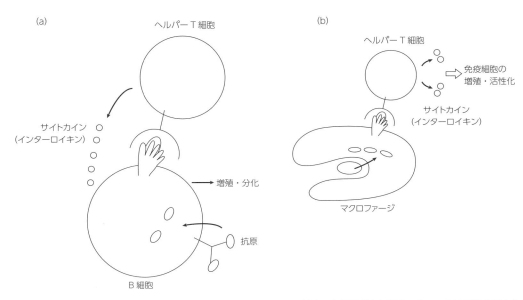

図2-16　ヘルパーT細胞の細胞性免疫応答．（a）自分の抗体のアンテナに結合した抗原が来た場合には，この抗原抗体複合体を細胞内に取り込んで，抗原の一部を白い手で抗原提示する．これをヘルパーT細胞が認識して，B細胞に対してサイトカインを放出する．これを受け取ったB細胞は大量に増殖して分化して，抗体を分泌するようになる．（b）侵入してきた病原菌を自然免疫で貪食したマクロファージは，その一部を白い手でつかんで，抗原提示する．これをヘルパーT細胞が認識して，各種サイトカインを放出し，各種の免疫細胞を増殖・活性化して，免疫系を臨戦態勢にする．

表 2-2　各種の免疫系のサイトカイン，インターロイキン. 免疫系でのサイトカインは，インターロイキン（IL）とよばれ，特に構造・機能が同定されたされたものについて，IL-1，IL-2 のように順次番号が付けられている.

インターロイキン（IL）	およその分子量	産生細胞	標的細胞	作用
IL-1	15,000	抗原提示細胞	ヘルパー T 細胞	活性化を補助
IL-2	15,000	ヘルパー T 細胞の一部	活性化されたすべての T 細胞と B 細胞	増殖を刺激
IL-3	25,000	ヘルパー T 細胞の一部	種々の造血系細胞	増殖を刺激
IL-4	20,000	ヘルパー T 細胞の一部	B 細胞	増殖，成熟，および IgE と IgGI へのクラス切換えを刺激
IL-5	20,000	IL-4 をつくるヘルパー T 細胞	B 細胞，好酸球	増殖と成熟を促進
IL-6	25,000	ヘルパー T 細胞の一部とマクロファージ	活性化 B 細胞，T 細胞	B 細胞の成熟を促進し，Ig 分泌細胞にする. T 細胞の活性化を補助
γ- インターフェロン	25,000（二量体）	IL-2 をつくるヘルパー T 細胞	B 細胞，マクロファージ，内皮細胞	種々の MHC 遺伝子とマクロファージを活性化

*10)　2011 年のノーベル生理・医学賞の受賞者の一人，米ロックフェラー大学のスタインマン博士は，樹状細胞の発見者である．ノーベル賞は，生存者のみに与えられるが，スタインマン博士は受賞時にはすでに死亡していた．受賞が決定したときには生存していて，自身のがんの樹状細胞治療を続けていたのであるが，受賞発表のときにはすでに亡くなっていた．ノーベル委員会は，受賞決定時には生存していたことより，受賞者として認定している.

各種のインターロイキンを出してさまざまな免疫細胞を増やし，活性化し，免疫系は臨戦態勢に入る（**図 2-16（b）**）．このようなマクロファージと同じ働きをする細胞として，最近，樹状細胞*10) も見つかっている.

ここで，黒い手，白い手と比ゆ的にいっていた分子は，正式には**タイプ 1MHC 分子**，**タイプ 2MHC 分子**とよばれている．この MHC は，Major Histocompatibility Complex の頭文字で，日本語では，**主要組織適合性複合体**と訳される．抗原提示分子とよんだ方がすっきりわかる名称と思うが，先に違う機能（臓器移植で拒絶反応を引き起こす主要な分子）の方が判明してこの名前が付いている（この部分の詳細は，4-3-1 の臓器移植の項参照）.

これらは**図 2-17** のように膜に結合したタンパク質である．頂端のクリップのようなところで抗原をつかむ．黒い手であるタイプ 1 の MHC 分子は，すべての細胞がもっていて，キラー T 細胞に抗原を提示するのに対して，白い手であるタイプ 2 の MHC 分子は，B 細胞，マクロファージ，樹状細胞のような免疫の特別な細胞のみがもち，ヘルパー T 細胞に抗原を提示する.

細胞性免疫応答とは，**抗原提示**によって T 細胞が活性化されて行う反応と要約できる.

免疫系は間違いが起こらないようにさまざまな仕掛けを用意している

しかし，同じ抗原提示といえども，かたやそれによって細胞を殺す，一方ではそれによって細胞を増やす．これが，間違っては大変である．そのために免疫系は注意深く，間違いが起こらないようにしている.

まず，キラー T 細胞は黒い手のみを認識するように，ヘルパー T 細胞は白い手のみを認識するように，アンテナ（正確には，T 細胞受容体）に加えてちょうつがいを出している．CD4 補レセプター，CD8 補レセプターとよばれるもので，これにより認識の間違いがないようにしている（**図 2-18**）.

しかしそれでも免疫系は安心できないようで，もう 1 つの安全策を用意している．**図 2-18** の 2 種のレセプター（主受容体と補受容体）による認識に加え，もう 1 つの第 2 のシグナル（両方の細胞から突出したタンパク質の握手）があって初めて安心して T 細胞は，反応を開始する．これは，キ

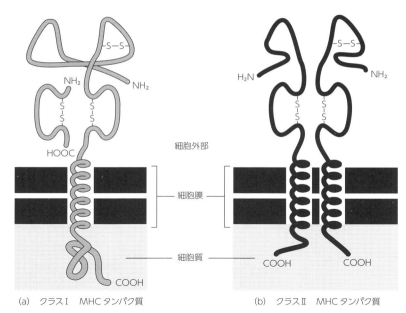

図 2-17 抗原提示を行う 2 種の MHC 分子. 抗原を提示する黒い手，白い手をそれぞれ，クラス I MHC 分子，クラス II MHC 分子という．これらは，細胞膜に都合したタンパク質である．上部のクリップ状の部分で抗原をつかむ．

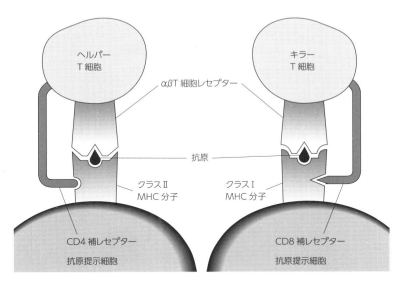

図 2-18 T 細胞の 2 種の補レセプター. ヘルパー T 細胞，キラー T 細胞は，それぞれ自分に関連した MHC 分子のみを認識し，逆の間違いをしないように，それぞれは，T 細胞レセプター（受容体）に加えて，補レセプター分子ももっている．これによって間違いの認識は防ぐことができる．

ラーもヘルパーの場合も同様である．**図 2-19** には，マクロファージが抗原提示細胞の例が示されている．**図 2-20** には，B 細胞が抗原提示細胞の場合が示されている．

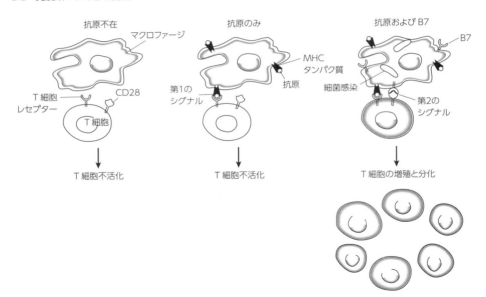

図 2-19　T 細胞の活性化には，第 2 のシグナル伝達が必要：マクロファージの抗原提示． 免疫系は，間違った免疫の反応が起こらないように，T 細胞の活性化に関して多くの安全装置を用意している．これが，第 2 のシグナルである．この図は，マクロファージの抗原提示によるヘルパー T 細胞の活性化の場合である．マクロファージが抗原を提示していない（左図）場合には T 細胞は活性化していない．マクロファージが抗原を提示している（中央図）場合でも，T 細胞は活性化されていない．その第 1 のシグナルに加えて，第 2 のシグナル，すなわち，マクロファージの B7 のタンパク質と T 細胞の CD28 のタンパク質の握手という第 2 のシグナルがあって初めて活性化を受ける．

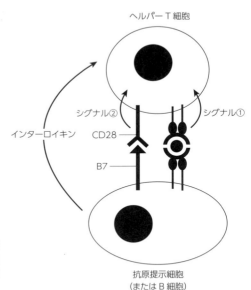

図 2-20　T 細胞の活性化には，第 2 のシグナル伝達が必要：B 細胞の抗原提示． 前図と同じ事情を B 細胞とヘルパー T 細胞の場合で示す．この場合もヘルパー T 細胞の活性化には第 2 のシグナルが必要である．さらに T 細胞の活性化を助けるために，B 細胞からもインターロイキンを出している．

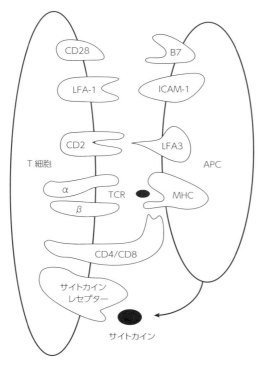

図 2-21 T細胞と抗原提示細胞の相互作用．免疫系の細胞同士の情報伝達は，非常に近距離で行われる．特に，膜に結合したタンパク質同士の直接の結合が独特である．APC は，抗原提示細胞，MHC は抗原を提示する手，TCR は T 細胞の抗原提示を認識する T 細胞受容体，CD4/CD8 は補レセプターである．

免疫系のシグナル伝達の特徴は，膜結合タンパク質同士の認識である

このように見てくると，内分泌系とは異なる，免疫系での独特のシグナル伝達の様子が浮かび上がってくる．その概要が**図 2-21** に示されている．T 細胞と抗原提示細胞（APC）の間では，細胞膜に結合したままのタンパク質同士が，直接握手をすることによって，素早い直接的な情報伝達を行っていることがわかる．

2-3 神経系：こころの基本

ニューヨークのスタジアムで，松井選手は，ペドロ・マルチネスの凄い変化球をすくいあげて劇的な右翼ホームランを打ち，ワールドシリーズ MVP の大活躍をした．彼はボールの動きを視覚的に追随し，このボールに対して上手く筋肉を収縮させてバットを振り切り夢のホームランを実現した．このときに，彼の体の中では，視覚と運動のために，神経情報という電気信号が駆け巡っていた．これは，神経系のなせるワザである．神経系は，このように感覚・運動・思考・感情・記憶・学習などの機能を遂行するシステム（系）である．さまざまな動物は，それぞれ素晴らしい動物行動を発達させて，生き延びてきている．それを可能にしているのも，良くできた神経系のお蔭である．

動物の体には，電気が流れていて，これによって，感覚や，思考や運動を

行う．この電気信号が神経情報である．この電位信号は，0か1かの簡単なデジタル信号である．これがどのように神経細胞の中で生ずるのか．この電気信号が同様にして，長い神経繊維を伝わるのか．また，この信号は，各種演算や加工を受ける（情報処理）．これはどのように行われるのか．また，神経系は自分に都合の良いように変化（可塑性，学習能力）する．また記憶として色々な情報を神経系に蓄え，次に反応するときにそれを利用する．

これらの神経系の基本をこの節でしっかり理解しよう．

2-3-1 神経情報

神経系は，受容器，中枢神経系，効果器よりなる

神経系の構成は，図 2-22 に示されているように，**受容器，中枢神経系**と**効果器**でできている．それぞれ，感覚器，脳，筋肉をイメージするとわかりやすい．受容器は各種感覚器で刺激を受け取ってそれを感覚情報の電気信号に変えるところである．その感覚入力は，脳である中枢神経系に受け取られる．効果器は筋肉など神経情報の命令で反応する所で，中枢神経系より情報が出て筋収縮などの反応を引き起こす．受容器と中枢神経系をつなぐのが，感覚情報を伝える**感覚ニューロン**（sensory neuron）の**求心神経**で，中枢神経系と効果器をつなぐのが筋収縮などを命令する**運動ニューロン**（motor neuron）の**遠心神経**である．

図 2-22 を見ると刺激が来ると，神経情報が流れて，最終的に効果器の反応が起こるように見えるが，反射などを除いて一般的にはそうではない．感覚入力は脳で受け取られて感覚となり，効果器の反応は，たくさんの情報を常に受け取って統合している脳が命令する．すなわち，感覚も効果器の反応も脳，中枢神経系が決めているのである．

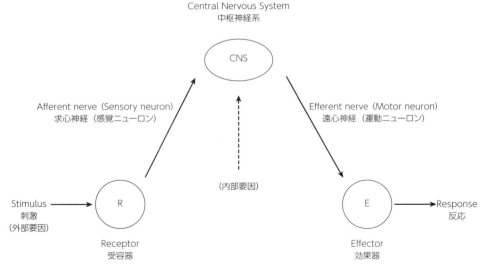

図 2-22　神経系の構成． 神経系は，受容器，中枢神経系，効果器よりなる．受容器と中枢神経系の間は，感覚ニューロンよりなる求心神経，中枢神経系と効果器の間は運動ニューロンよりなる遠心神経がつなぐ．

神経系の細胞，ニューロン（神経細胞）は，特別に長い線維をもつ

図 2-23 は，世界で最初に神経網を観察したカハールのスケッチである．神経網を可視化するための染色法を開発したゴルジ（イタリア）は自身の観察から，神経網はすべてつながっていると考えた（網状説）．それに対してカハール（スペイン）は，やはり同じゴルジ法を用いて，神経網は神経単位に分かれていると主張し，これに**ニューロン**（neuron）と名前を付けた（ニューロン説）．これ以来，両者の激しい論争が始まった[*11)]．

その問題は両者の生前に決着がつかず，両者の死後，少しして電子顕微鏡が出現して解決した．つながっているように見えた神経網も，一つ一つの細胞に分かれていて，カハールの説が正しかったことが判明した．そのことにより，今では，神経細胞をニューロンとよぶようになった．

このニューロンの形態的な特徴は非常に長い神経線維[*12)]をもつことである．

[*11)] しかし，この犬猿の仲の 2 名が，神経系の解剖学の創始者として 1906 年のノーベル生理学・医学賞を「神経系の構造研究」で一緒に受賞することになった．ここでも，両者のバトルは終わらず，ゴルジは自分の受賞講演でその後半のほとんどをカハールのニューロン説の批判に費やしていたのは有名な話である．

[*12)] ヒトの場合，長い神経線維は腰の付近の脊髄から足の底までの 1 m 弱にも達するほど長い．

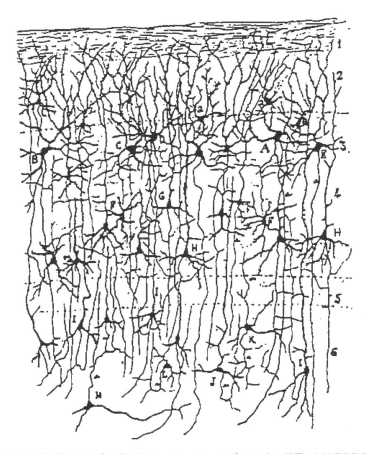

図 2-23 **脳の神経網**．ゴルジ染色によって，カハールが 1888 年に描写した神経回路網のスケッチである．

図 2-24（a）に神経細胞の典型的な形と各部の名称が書かれている．通常の細胞と同様に細胞膜に包まれて中心に核をもつ**細胞体**（cell body）から1本の長い線維が伸びている．これを**軸索**（axon）とよび，この先端は，次の神経細胞の細胞体や細胞体から伸びる短い線維（**樹状突起**）に接触していて，ここの部分を**シナプス**（synapse）とよぶ．このシナプスの部分は，細胞はつながっていなくて，せまい空間で離れている．

細胞体は，神経細胞の生存に必要は生命活動を担い，軸索は電気信号が高速で伝わる場所で，シナプスは細胞間の情報伝達を行う所である．軸索は神経情報の出力側で，樹状突起や細胞体はその入力側である．

ニューロンの形態は，実際のニューロンの種類によって異なる．典型的に書かれている神経細胞の形は，実際には，運動ニューロンのそれである．細胞体は比較的大型で，軸索は長く，その末端は筋肉細胞とシナプス結合している（図 1-24（b））．

感覚ニューロンは，細胞体が軸索の真ん中部分にあり，軸索の末梢側は感覚受容のために色々変形し，中枢側は，他の神経細胞にシナプス結合している（図 1-24（c））．中枢神経系の中で各種情報処理に関わっている神経細胞は**介在ニューロン**（interneuron）というが，これは，軸索が比較席短く，

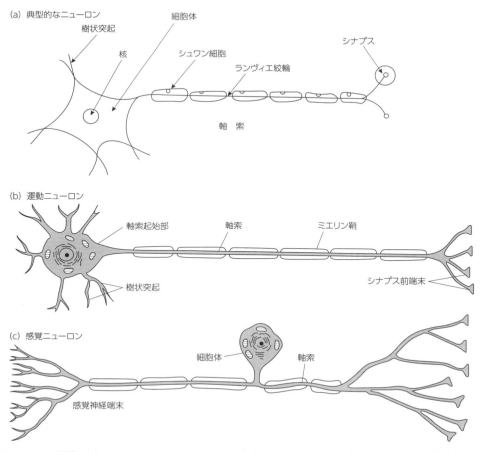

図 2-24 ニューロンの形態．（a）典型的なニューロンの形態と（b）運動ニューロン，（c）感覚ニューロンの形が描かれている．

樹状突起が非常に発達した形態をしているものなどあり，中々変わった形をしている．

神経系で使われる神経情報は電気信号である

　長い軸索を伝わる神経情報は，電気信号である．一定の形をした 0 か 1 の電気信号である[*13)]．神経細胞は，興奮していないときには−60 mV 前後のマイナスの電位をもつ．細胞内の電位を測るため微小電極[*14)]を細胞内に挿入すると，細胞は，薄い細胞膜を隔てて，細胞外に対してマイナスの電位をもつ．この現象を**分極**といい，この電位を**静止電位**（resting potential）という（図 2-25（a））．それに対して，神経細胞が興奮しているときには，図 2-25（b）のような約 100 mV にも及ぶ電位変化を示す．これを**活動電位**（action potential）という．この電位変化は非常には速い（1 秒の 1000 分の 1 である 1 ミリ秒で進行する）ので，普通は 1 本の線に見える（図 2-25（b））．

　静止電位が 0 にあたり，活動電位が 1 にあたり，この 2 通りの電位が神経線維を伝わる神経情報の電気信号である．

静止電位と活動電位の発生の仕組みには，イオンの通過するチャネルが働いている

静止電位

　このような電気信号発生は，電荷（電気）をもったイオンの細胞への流入・流出によって生じている．Na^+，K^+，Ca^{++}，Cl^- などのイオンの流入と，流出である．プラスイオンの流入は，細胞内の電位を上昇させ，流出は，電位を下げる．一方，マイナスイオンの流入は電位を下げ，流出は上げる．

　そうして，このようなイオンの出入りは，細胞膜にある**イオンチャネル**の穴を介して行われる．イオンチャネルは，それぞれのイオンに対して特異的で，Na チャネルは Na のみを通す．また，チャネルは巧妙な開閉の制御を

[*13)] この神経系の信号は，コンピュータのそれとよく似ている．パソコンも最近では非常に発展していて複雑であるが，基本的には，0 か 1 の非常に簡単な電気信号を使っている．半導体を使って電気か通じている状態（1）と通じていない状態（0）の電気信号を使って，すべての作業を行っている．映像にしても拡大してゆくとすべて点になっていて，この点がついているかいないかで区別されている．カラーにしてもそれぞれ，赤，緑，青の点がついているかどうか，で成り立っているのである．脳やコンピュータのような複雑な装置が非常に単純な信号をもとに動いていることは興味深い．

[*14)] 神経細胞を破壊しないで細胞の電位を測定するために微小電極を使用する．細いガラスのキャピラリーを熱して急に引っ張ることによって非常に細い電極をつくることができる．この先端は 1 μm ほどであるので，挿入しても細胞は壊れない．これに 3M（M は mol/l を表す）の KCl のような電気をよく通す塩溶液を入れ，太くなったところで電線を入れ電位差計とつなぐと細胞内電位が測定できる．

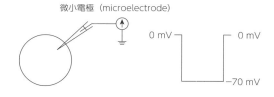

(a) 静止電位

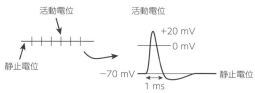

(b) 活動電位

図 2-25 （a）静止電位と（b）活動電位．静止電位は，神経細胞が興奮していない（0 の信号）ときの電位で，約−50〜−70 mV である．活動電位は，神経細胞が興奮しているとき（1 の信号）の電位で，一時的に＋数十 mV に振れる．

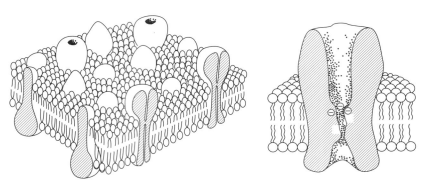

図 2-26　イオンの通り道イオンチャネル. イオンチャネルはイオンが通過する膜タンパク質である. 中央部分に穴がありこれが開閉を行い, 開状態のときにイオンが細胞内外のエネルギー格差が駆動力となって移動する.

受けている（**図 2-26**）.

　静止状態の神経細胞が分極しているのは, 細胞内外のイオンの不均一な分布によっている. K イオンは細胞内に多く, Cl イオンは細胞外に多い. これらのイオンは, チャネルがある程度開いているので, 細胞内外に移動できる. それにもかかわらず, 違う濃度で平衡状態に釣り合っている（**図 2-27**）. ここでは, 化学的な濃度による力だけでなくて, 電気的な力も働いているからである.

　細胞内には, 外に移動できず細胞内にとどまっているマイナスイオンの高分子がある（実際にはマイナスもプラスもあるが, マイナスの方が多いために全体的にマイナスとなる）. そこで, K イオンについて考えてみよう.

　K イオンは細胞内の方が濃度が高いので外に移動する力が働く（これを**化学勾配**は外向き, あるいは, **化学ポテンシャル**は細胞内が高いという）. しかし細胞内にはマイナスの高分子があるため, プラスイオンの K は細胞内にひかれる（これを**電気勾配**は内向き, あるいは, **電気ポテンシャル**は細胞外が高いという）. この両者の力, 化学勾配と電気勾配, あるいは**電気化学**

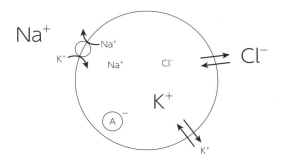

図 2-27　静止状態のニューロンにおけるイオンの不均一分布. 神経細胞の静止状態のときの, 細胞膜を介した内外の K, Cl, Na イオンの不均一な分布. K イオンと Cl イオンに関しては, 電気・化学的なエネルギー状態が釣り合っている.

ポテンシャルによって，K イオンは細部内の方が濃度が高い状態で釣り合っている（平衡状態になっている）．

このように細胞内外でイオンが化学勾配と電気勾配により不均一な状態で釣り合っていると，内外に電位差が生じる．これを**平衡電位**といいネルンストの式によって求められる．すなわち細部内外の K イオンの濃度比によって決まる電位差である[*15]．

$$E = \frac{RT}{zF} \ln \frac{C_o}{C_i}$$
$$= \frac{2.3RT}{zF} \log_{10} \frac{C_o}{C_i} \tag{2.2}$$

$$E_K = \frac{RT}{F} \ln \frac{[K^+]_o}{[K^+]_i}$$
$$= \frac{2.3RT}{F} \log_{10} \frac{[K^+]_o}{[K^+]_i} \tag{2.3}$$

実際には，神経細胞の周辺に存在する Cl イオンや Na イオンも考慮しなければいけないので，（2.3）の式は厳密には，（2.4）のゴールドマンの式になる．

$$E_m = \frac{RT}{F} \ln \frac{P_K[K^+]_o + P_{Na}[Na^+]_o + P_{Cl}[Cl^-]_i}{P_K[K^+]_i + P_{Na}[Na^+]_i + P_{Cl}[Cl^-]_o}$$
$$= \frac{2.3RT}{F} \log_{10} \frac{P_K[K^+]_o + P_{Na}[Na^+]_o + P_{Cl}[Cl^-]_i}{P_K[K^+]_i + P_{Na}[Na^+]_i + P_{Cl}[Cl^-]_o} \tag{2.4}$$

ここで新しい記号が加わっている．これが，P_K，P_{Na}，P_{Cl} である．これは，それぞれ K イオン，Na イオン，Cl イオンに対する透過係数（それぞれのイオンチャネルがどの程度開状態であるかの指標にもなる）である．

静止時の通常の神経細胞では（例えばイカの巨大軸索では），

$$P_K : P_{Na} : P_{Cl} = 1 : 0.04 : 0.45 \tag{2.5}$$

である．すなわち，静止時には K イオンに対する透過性が非常に高く，静止電位の発生には，K イオンの寄与が大きく，Na のイオンの寄与は小さいことがわかる．

そのため，静止電位はほぼ式（2.3）で示される K イオンの平衡電位と考えてよいことになる．このことがもっとはっきりわかるのが，細胞外のイオン濃度を人工的に変える実験である．実験結果は，予想通り，K イオンの濃度を変えたときのみ静止電位は大きく変化したのである（**図 2-28**）．

結局，神経細胞が興奮していないときの静止電位とは K イオンの電気化学ポテンシャルの釣り合いによる平衡状態によって生ずる K イオンの平衡電位であるといえる．

活動電位

活動電位は，神経細胞の分極を人工的に変化させたときに発生する（**図 2-29**）．神経細胞に記録電極と刺激電極を挿入して，刺激電極から細胞内電位が変わるように刺激を与えてみる．細胞な電位がさらにマイナスに振れる（**過分極**[*16]）方向の刺激やプラス方向に振れる（**脱分極**[*17]）方向の刺激を

[*15]　式の ln の記号は $\log_e$ の自然対数のことである．通常 10 を底とする常用対数を log と書くので，それに対して e を底とする自然対数を ln と書く．

[*16]　静止電位がさらにマイナス方向に振れることを過分極（hyperpolarization）という．この方向の電位変化は，神経細胞にとっては興奮が抑えられる，抑制方向の変化となる．

[*17]　マイナスに分極している電位がプラス方向に変化することを脱分極（depolarization）という．この方向の電位変化は，神経細胞の興奮の方向の変化になる．

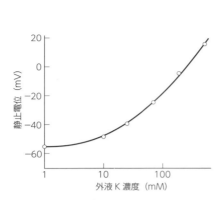
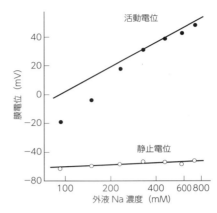

図 2-28　静止電位と活動電位に対する細胞外の Na イオン，K イオン濃度の効果．細胞外の K イオン濃度は，静止電位に大きな影響を与え，Na イオンは影響を与えない．一方，活動電位は Na イオンの細胞外濃度に影響を与える．

*18) 矩形波とは，ある決められた短い時間に量が変化しもどってくる台形の変化．

さまざまな大きさの矩形波[*18]で与えてみる．過分極刺激によっては，大きな変化は見られないが，脱分極刺激によっては，ある値（これを閾値という）を超えると，神経細胞は大きな電位変化を示す（**図 2-29（a）**）．電位は −70 mV 付近から，0 を超えて +20 mV 近くまで上昇しもどってくる（**図 2-25（b）**）．

そして，刺激がいくら大きくなっても，活動電位の大きさは変わらない．すなわち活動電位は，0 か 1 のデジタル量の反応である（**図 2-29（b）**）．この発生の仕方を**全か無の法則**という．

この電位変化もイオンの細胞内外の移動による．特に Na イオンが主要な貢献をしている．神経細胞が静止状態のときには，Na イオンは細胞外に多く，細胞内に少ない．これは，エネルギー的には釣り合っていない状態で大きなエネルギー格差が維持されている．Na イオンは，化学勾配で考えると内側に入る力が働き外側が高い．電気勾配で見ても細胞内はマイナスになっているので，細胞内に入る力が働き外側が高い．どちらから見てもエネルギー的に外側のエネルギーレベルが高いことになる（**図 2-30（a）**）．

それを維持するために，まず Na チャネルは完全に閉じて Na イオンが内側に入るのを防いでいる．さらに，Na ポンプを使って，細胞内の ATP をエネルギーにして，細胞内の Na イオンをくみ出し，同時に細胞外の K イオンを取り込んでいる（**図 2-30（a）**）．これは，静止時に起こっていることであるが，これが活動電位を引き起こすための仕掛けになっている．

活動電位を発生させる仕組みで一番大切な働きをするのが，Na イオンの通路である Na チャネルである．このチャネルは**電位依存性 Na チャネル**とよばれ，細胞内外の電位差を認識し，それがある値以下になると，開くのである．活動電位を引き起こす閾値以上の脱分極性の刺激が与えられると，Na チャネルは開く．そうすると Na イオンはエネルギーの格差により，急速に細胞内に流入し，細胞内電位はどんどん上昇する（**図 2-30（a）右**）．

Na チャネルは，一度開くと，① Na^+ の侵入　→　②脱分極（電位の上昇）　→　③ Na の透過性上昇（Na チャネルの開）→①　と止まることなく進行するので，どんどん Na チャネルは開いて，Na イオンはどんどん流入を続

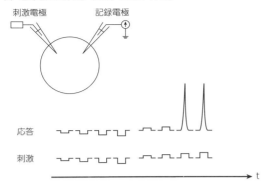

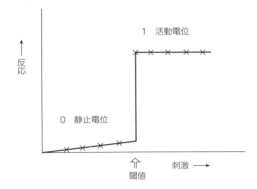

図 2-29　活動電位の発生. 活動電位は，閾値以上の脱分極性の刺激によって起こる．一度起こると刺激の強さを変えても活動電位の大きさは変わらない．

ける．最終的には流入を引き起こしていたエネルギー格差がなくなるまで流入は続くことになる．逆に活動電位が頂点に来ると，もう，エネルギー格差はなくなっているのでそれ以上は流入できない．だから，活動電位はいつも変わらないのである．

同時にその頃になるとNaチャネルは自動的に閉じる．そのときに，Kイオンについてみてみよう．静止時には釣り合っていた（平衡状態になっていた）Kイオンは今となっては釣り合いは壊れている．細胞内はプラスになっているので，電気勾配は外側に向かう．同時にもともと化学勾配は外側に向いていたのであるから，Kイオンは外側に出たくなっている．そのときに，時期をいつにしてKチャネルがたくさん開く．そのためKイオンは外に流出し，細胞内電位は下がり（**再分極**, repolarization）静止電位まで戻る（**図 2-30（b）**）．

図 2-31 の活動電位とNaイオンチャネルとKイオンチャネルの開状態を示すイオンの透過度（g_{Na}, g_K）を見ると，最初にNaチャネルが開いて，遅れてKチャネルが開いているのがわかる．

(a) 活動電位の発生（脱分極成分）

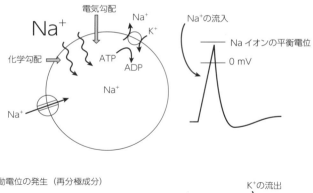

(b) 活動電位の発生（再分極成分）

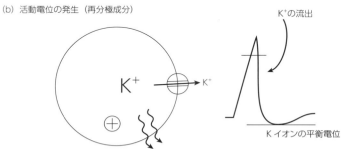

図 2-30 活動電位発生のメカニズム．活動電位発生の仕組みは，(a) まず Na チャネルが開いて Na イオンが流入することによって，細胞内の電位が上がることである．(b) この後で，K チャネルが開いて K イオンが流出して，電位は静止電位に戻る．これが，1000 分の 1 秒という非常に短時間に起こる．

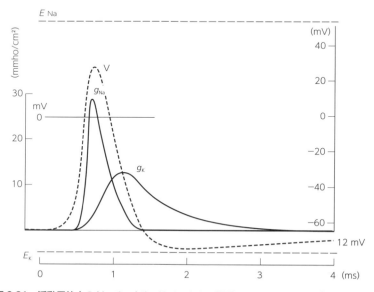

図 2-31 活動電位中の Na チャネル，K チャネルの開閉．g_{Na}, g_K は，コンダクタンス（抵抗の逆数）で，それぞれのイオンに対する透過性を示す．インチャネルの開閉状態の指標と考えてよい．活動電位中では，まず Na チャネルが開き，そして閉じ，次に K チャネルが開くことがわかる．実線が g_{Na}, g_K の変化（値は左の縦軸）を，破線が電位の変化（値は右の縦軸）を示す．

2-3-2 電気伝導

電気信号は高速で長い神経線維を伝わる，これを電気伝導とよぶ

　神経細胞の長い軸索を活動電位が伝わる，これを**電気伝導**という．軸索は海中ケーブルと同じような状況である．軸索の周囲の体液は，電気を通しやすい海水のようなものである．海底ケーブルは電気抵抗の低い，伝導性の高いケーブルを電気が漏れないように丈夫な絶縁体で巻き，電気の漏れを防がないといけない．しかし，軸索は，そんなに伝導性の高いものでもなく，電気は簡単にもれてしまう．

　それでも長い軸索を活動電位が減衰もしないで伝わるのはなぜだろう．

　それは，局所回路説で説明されている（**図 2-32**）．活動電位が発生している部位は電位が高くなっている．そうすると軸索内で興奮している所とその隣の興奮していない所では，電位差が生じ，高い所から低い所に電流が流れる．これは細胞膜を通過して外に漏れて，もとにもどる**局所電流**が流れる．この細胞膜を貫く外向きの電流が刺激になって，新しい活動電位が生じる[19]．このことが繰り返されて両側に興奮は広がっていくのである[20]．

　すなわち，活動電位が新しく発生しながら興奮は伝わってゆくので，長い距離を減衰しないで伝わることができるのである．

　無脊椎動物の軸索では，自転車程度のスピードで活動電位が伝わるが，大型の脊椎動物では，JR，あるいは新幹線並みの超スピードで伝わる．そのための仕組みが，軸索を包むシュワン細胞である．シュワン細胞の膜が神経線

[19] 先に活動電位が発生した方向への元に戻る局所電流は，活動電位の直後は不応期になっているため，活動電位の発生はない．そのため広がる方向のみに活動電位は伝わってゆく．

[20] 軸索には活動電位の方向を決める性質はなく，軸索の途中で人工的に電気刺激をすると，活動電位は両方向に伝わる．一方は生理的に起こる方向で，もう一方は通常では起こらない方向の伝導である．最終的に神経興奮の伝わる方向を決めるのは，シナプスの部位である．

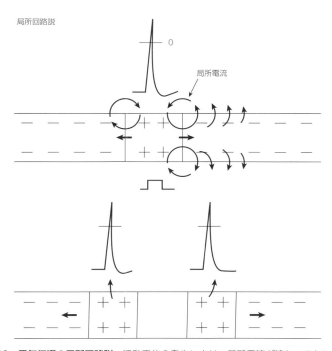

図 2-32　電気伝導の局所回路説．活動電位の発生により，局所電流が流れ，これによる外向き電流が，新しい刺激になって活動電位を発生させる．このようにして，活動電位は，神経線維の両方向に向かって広がっていく．

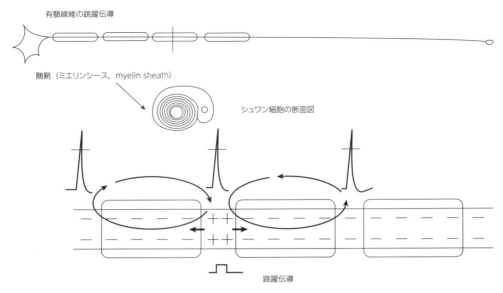

図 2-33　有髄線維の跳躍伝導. 脊椎動物の髄鞘をもつ神経線維を有髄線維という．この線維だとシュワン細胞の髄鞘による絶縁作用のため局所電流は伸びて，活動電位もとびとびに発生する高速の跳躍伝導になる．

維の周囲を何百回も巻いていて，**髄鞘**（myelin sheath）という絶縁体を形成している．そのため，シュワン細胞が覆っていない**ランビエーの絞輪**のみで外向き電流が流れて，局所回路が伸びる．このため活動電位はとびとびに発生することになる．これを**跳躍伝導**といいとても伝導速度が速くなる（**図2-33**）．

2-3-3　化学伝達

神経細胞と神経細胞のつなぎ目では，化学物質を使って神経情報が伝わる，これを化学伝達とよぶ

　神経細胞と神経細胞のつなぎ目は，シナプスになっている．**図2-34** を見ると1つの神経細胞体にたくさんの神経線維の末端がシナプスしているのがわかる．シナプス結合は，細胞体の部分にも，樹状突起の部分にも見られる．ここを拡大すると，軸索の末端は球状に膨らんである．この中に小さな小胞，シナプス小胞があり，その中に**神経伝達物質**（neurotransmitter），あるいは**化学伝達物質**（chemical transmitter）とよばれる物質が局在している（**図 2-35（a）**）．

　軸索から活動電位が伝わってくると，シナプス部分のシナプス小胞が移動して，シナプス小胞内の伝達物質が，シナプス間隙（シナプスではニューロン同志はつながっておらず，せまいすきまがある）に放出される．そうすると，次の神経細胞の細胞膜に存在する伝達物質を受け取る受容分子に結合し，イオンチャネルが開いて（受容分子そのものがイオンチャネルになっている），イオンが移動して，興奮が伝わる（**図 2-35（b）**）．

　このように，シナプスでの神経情報の伝達は，化学物質を使い，伝達の方向は決まっている．軸索の末端の膜をシナプス前膜，細胞体（あるいは樹状

2章 いのちの働き：システム（系）における細胞連携　57

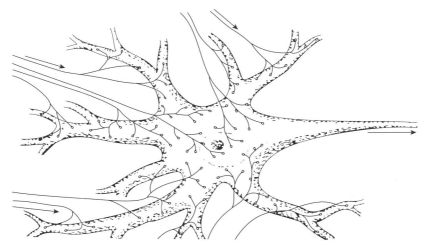

図 2-34　神経細胞の細胞体と樹状突起に結合するシナプス． 神経細胞同士の神経情報伝達部であるシナプス結合は，細胞体や樹状突起で起こる．1つの神経細胞の細胞体や突起樹状突起にたくさんの神経終末がシナプス結合しているのが見える．多くの軸索の末端（神経終末）の丸形の構造にみえている部分がシナプスである．

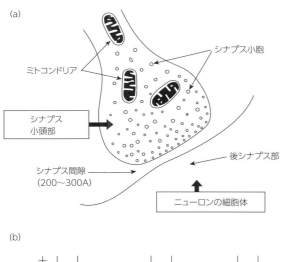

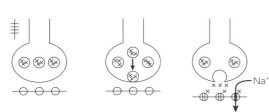

図 2-35　(a) シナプスの拡大図と (b) 化学伝達． (a) シナプスは，神経細胞同士のつなぎ目なので，細胞同士のすきま，シナプス間隙が見える．そこにシナプス前膜とシナプス後膜が並列に並ぶ．シナプス前部の方には，神経伝達物質が含まれるシナプス小胞がたくさん存在する．(b) 活動電位が神経終末まで届くと（左），シナプス小胞からシナプス間隙に神経伝達物質が放出される（真ん中）．それを，シナプス後膜に存在する受容体が受け取り，受容体のイオンチャネルが開いて後膜側の細胞の電位変化になる（右）．

突起）の方をシナプス後膜といい，伝達は前膜から後膜に進み，前膜は伝達
物質の放出側で，後膜はその受け取り側である．これを**化学伝達**（chemical
transmission）とよぶ．

　神経系の使う神経伝達物質は，たくさんのものが知られている（**表2-3**，
図2-36）．

　大別すると，コリン類，モノアミン類，アミノ酸類，神経ペプチド類であ
る．コリン類は代表的なものが，アセチルコリンで，これは脊椎動物の運動
ニューロンの筋肉細胞へのシナプスの伝達物質として知られている．たばこ
のニコチンもアセチルコリンに関係する[21]．モノアミン類は，アミノ基を
1つもった分子で，ノルアドレナリン，アドレナリン，セロトニンなどが代
表的である．アミノ酸類は，タンパク質のモノマーであるアミノ酸かその誘
導体[22]である．グルタミン酸[23]，グリシンなどはタンパク質の構成成分
そのものである．GABA（γ-アミノ酪酸）は，グルタミン酸の誘導体であ
り，最近では，心の落ち着くGABA入りチョコレートも売られているが，
これは神経細胞の興奮を鎮める伝達物質である．神経ペプチド類は，アミノ

[21]　たばこのニコチンは，シナプスのアセチルコリン受容体に結合して，アセチルコンと同様の神経興奮を引き起こす怖い作用をもつ．

[22]　分子の基本構造は共通にもっていて，一部の反応基が修飾を受けている分子同士を誘導体という．

[23]　グルタミン酸は，タンパク質の構成要素とともに，味覚の旨味の刺激物質であり，また，脳内の記憶などに関係する海馬などの重要な伝達物質である．

表2-3　各種の神経伝達物質．神経系は，多様でたくさんの神経伝達物質を使っている．これらは，コリン類，モノアミン類，アミノ酸類，神経ペプチド類に大別される．

1. **Cholines　コリン類**
   Acetylcholine（ACh）アセチルコリン
2. **Monoamines　モノアミン類**
   Noradrenaline（Nor）ノルアドレナリン
   Dopamine（DA）　ドーパミン
   Adrenaline（AD）　アドレナリン
   Serotonin（5-HT）セロトニン
   Histamine（HT）ヒスタミン
3. **Amino acids　アミノ酸類**
   γ-Aminobutyric acid（GABA）γ-アミノ酪酸
   Glutamic acid（Glu）グルタミン酸
   Aspartic acid（Asp）アスパラギン酸
   Glycine（Gly）グリシン
   Taurine（Tau）タウリン
4. **Neuropeptides　神経ペプチド類**
   Substance P（SP）P物質
   Thyrotropin releasing hormone（TRH）甲状腺刺激ホルモン放出ホルモン
   Somatostatin（SOM）ソマトスタチン
   Luteinising hormone-relasing hormone（LHRH）黄体形成ホルモン放出ホルモン
   Enkephalins（ENK）エンケファリン
   Endorphins（END）エンドルフィン
   Neurotensin（NT）ニューロテンシン
   Vasoactive intestinal polypeptide（VIP）血管作用性小腸ペプチド
   Cholecystokinin（CCK）コレシストキニン
   Vasopressin（VP）バソプレッシン
   Oxytocin（OX）オキシトシン
   Angiotensin II（ANG）アンジオテンシンII
   Avian pancreatic polypeptide（APP）鳥類膵臓ポリペプチド
   Motilin（ML）モチリン
   Dynorphin（DN）ダイノルフィン
   Kyotorphin（KT）キョートルフィン
   Neurokinins（NK）ニューロキニン

（　）内はよく用いられる略号．

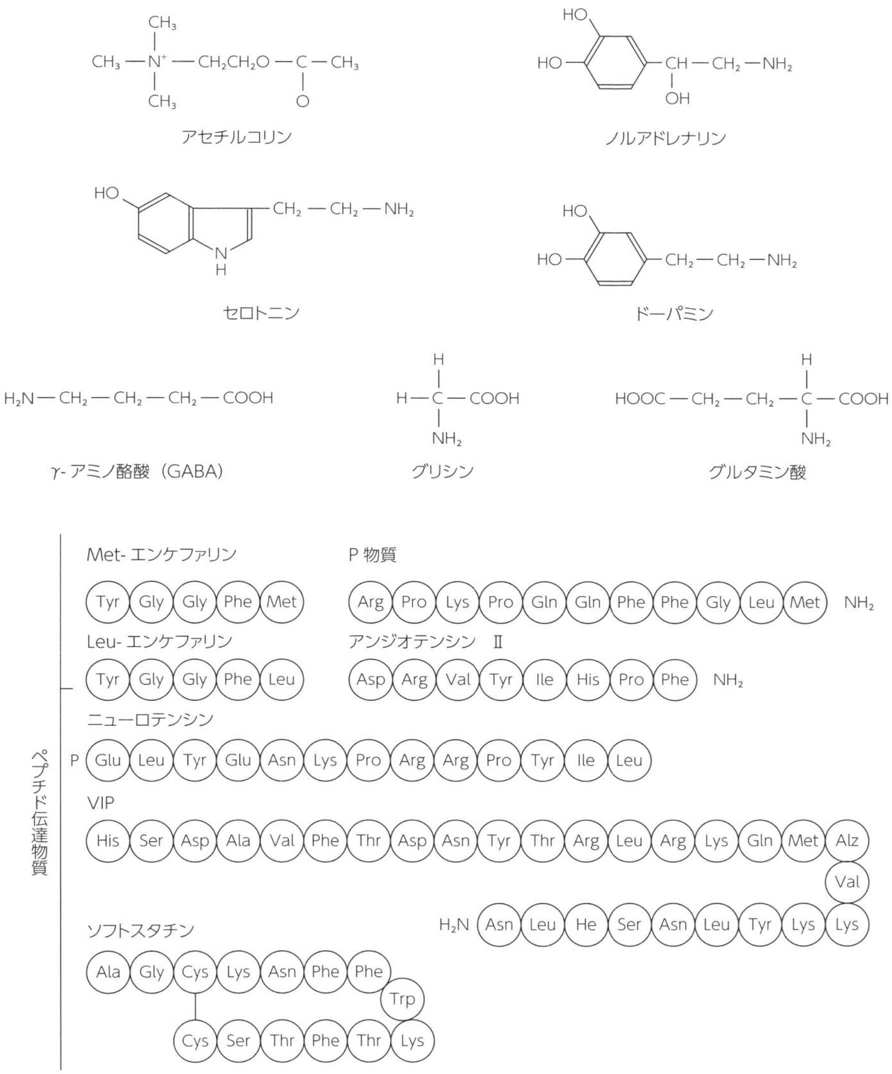

アセチルコリン

ノルアドレナリン

セロトニン

ドーパミン

$H_2N—CH_2—CH_2—CH_2—COOH$

γ-アミノ酪酸（GABA）

グリシン

グルタミン酸

ペプチド伝達物質

Met-エンケファリン

(Tyr)(Gly)(Gly)(Phe)(Met)

Leu-エンケファリン

(Tyr)(Gly)(Gly)(Phe)(Leu)

ニューロテンシン

P (Glu)(Leu)(Tyr)(Glu)(Asn)(Lys)(Pro)(Arg)(Arg)(Pro)(Tyr)(Ile)(Leu)

VIP

(His)(Ser)(Asp)(Ala)(Val)(Phe)(Thr)(Asp)(Asn)(Tyr)(Thr)(Arg)(Leu)(Arg)(Lys)(Gln)(Met)(Alz)(Val)

ソフトスタチン

(Ala)(Gly)(Cys)(Lys)(Asn)(Phe)(Phe)(Trp)(Cys)(Ser)(Thr)(Phe)(Thr)(Lys)

P物質

(Arg)(Pro)(Lys)(Pro)(Gln)(Gln)(Phe)(Phe)(Gly)(Leu)(Met) NH_2

アンジオテンシンII

(Asp)(Arg)(Val)(Tyr)(Ile)(His)(Pro)(Phe) NH_2

H_2N (Asn)(Leu)(He)(Ser)(Asn)(Leu)(Tyr)(Lys)(Lys)

図 2-36　主要な神経伝達物質の構造. コリン類のアセチルコリン，モノアミン類のノルアドレナリン，セロトニン，ドーパミン，アミノ酸類のγ-アミノ酪酸（GABA），グリシン，グルタミン酸の分子構造が示されている．下部には，主要な神経ペプチド類の構造が示されている．一つひとつの○が，アミノ酸で，神経ペプチドは，数個から数十個のアミノ酸よりなる.

酸が数個から数十個重合したペプチド分子である（**図 2-36**）.

　私たちの脳内では，モノアミン類や神経ペプチド類が作用していて，私たちの神経機能と深い関係があるので，3-5 ヒトの向精神薬と脳で解説する.

シナプスではアナログ的な電気信号を使い，足し算や引き算が可能になる

　シナプス後膜では，伝達物質を受け取って，電気信号を発生するが，ここでは，今までの 0 か 1 の電気信号とはまったく異なる反応を示す．シナプス後膜での電気反応は，脱分極性のゆっくりした反応で，しかも静止電位から，色々な脱分極の連続的な変化である．これに加えて，静止電位から，さ

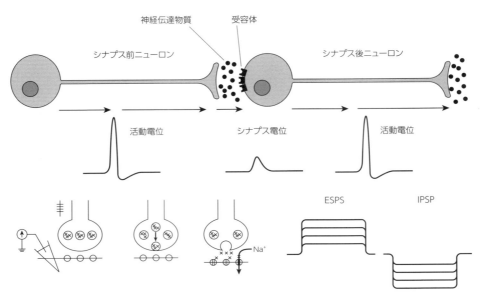

図 2-37　シナプスにおける神経電気反応． シナプスでは，各種の演算のため，アナログ量の電気信号が使われる．それも脱分極性の反応のみでなく，過分極性の反応も見られる．前者を興奮性後シナプス電位（EPSP），後者を抑制性後シナプス電位（IPSP）という．

らに電位が下がる過分極性の変化もある．これも連続的な値を示す．このシナプス電位は，連続的なアナログ量である（**図 2-37**）．

　静止電位は，神経細胞が静かな状態であるのに対して，脱分極は神経細胞の興奮状態で，過分極は抑制状態である．この脱分極と過分極の反応は，どのように決まっているのであろうか．それは，伝達物質によると考えられる．アセチルコリンがシナプスで使われていて，アセチルコリンが少し放出すれば，少しの脱分極反応が起こり，たくさん放出されれば大きな脱分極が起こる．このような伝達物質を**興奮性伝達物質**という．それに対して，GABA がシナプスで使われていれば，過分極性の反応が起こることになり，この伝達物質を**抑制性伝達物質**という．

　また，脱分極性の電位変化を，**興奮性後シナプス電位**（EPSP, excitatory post-synaptic potential）といい，過分極性のそれを，**抑制性後シナプス電位**（IPSP, inhibitory post-synaptic potential）という（**図 2-37**）．なぜシナプスでこのような，プラス方向とマイナス方向のアナログ量の電気情報を使うかというと，それによって，足し算，引き算などのさまざまな演算が可能になるのである．

シナプス結合により，色々な回路の設計が可能になり，ここで，さまざまな情報処理が可能になる

　今，A と B のニューロンが，C のニューロンにシナプスしているとしよう（**図 2-38**）．ここで，B は抑制ニューロンであり，伝達物質として，抑制性の伝達物質をもっている．A からインパルス[*24)]が C のニューロンに届くと，C の細胞体では，EPSP が生じ，最終的に C の神経線維に再びインパルスが伝わることになる．B からインパルスが来ると，C の細胞体では IPSP が生じ，神経細胞は抑制がかかるので，C のニューロンにはインパルスは伝

[*24)] 活動電位が複数発生している状態をインパルスという．

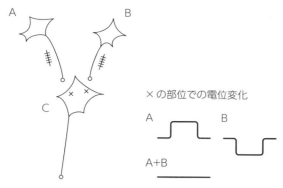

図 2-38　神経回路における神経情報の引き算．ここでは，3種の神経細胞の神経回路による，神経情報の引き算の仕組みが示されている．ここでは，Bの抑制性伝達物質をもつ抑制ニューロンとそれを受け取るCのIPSP（抑制性後シナプス電位）が重要な役割を果たす．Aから興奮が来るとCではEPSP（興奮性後シナプス電位）が発生し，Cの神経線維に活動電位が伝わる．AとBの両方から興奮が来ると，CではプラスのEPSPとマイナス方向のIPSPが同時に起こり，0になってしまう．その場合には，もはやCの神経線維には活動電位は伝わらない．すなわち，Cでは，A－Bの情報が得られることになる．すなわちこの回路で引き算が起こる．

わっていかない．それでは，何のためにニューロンBはあるのだろう．それは，引き算のためである．Aから興奮が来るとCでは，EPSPが生ずる，Bから興奮が来るとCではIPSPが生ずる．今両方から興奮が来ると，Cの細胞体ではEPSPとIPSPが同時に発生して，プラスとマイナスでゼロになってしまう．すなわち，Aからの興奮が，Bからの興奮によって引き算されてしまうのである（**図 2-38**）．

同じような仕組みで足し算も可能になる．さらに，シナプスは，ニューロンとニューロンのつなぎ目であるので，ここを設計して回路をつくると，色々な情報処理が可能になる．

代表的なものとして，拮抗筋における相反神経支配がある．私たちの筋肉は，関節を動かすために，必ず逆の動きを引き起こす筋肉同士の組合せになっている．手を内側に曲げる筋肉と外側に伸ばす筋肉，足を曲げる筋肉と伸ばす筋肉などであり，これを**拮抗筋**という．この拮抗筋は片方が収縮しているときには，もう一方は静かにしていなければ，上手く収縮できない．

その様子を示したのが**図 2-39**である．膝を伸ばしているときには，伸筋の筋紡錘（筋肉の収縮を検出して情報を送る感覚器官）から活動電位が脊髄に送られて，伸筋の運動ニューロンにシナプスする．それで，運動ニューロンに興奮性のシナプス電位（EPSP）を発生させ，これによりさらに伸筋の収縮を引き起こす．一方，伸筋の筋紡錘からの神経線維は脊髄の抑制性介在ニューロンにもシナプスしている．この抑制性介在ニューロンは，拮抗筋の屈筋の運動ニューロンにシナプスしている．抑制介在ニューロンからの活動電位は，屈筋の運動ニューロンに抑制性のシナプス電位（IPSP）を発生させて，神経興奮は伝わっていかず，屈筋の収縮を抑えている．

そのため伸筋が興奮するときに，屈筋には興奮が行かないようにして，伸筋のみが働くようにしている．そのために，抑制性後シナプス電位が役に立っている．このように神経系は，神経機能を上手く遂行するために，特異

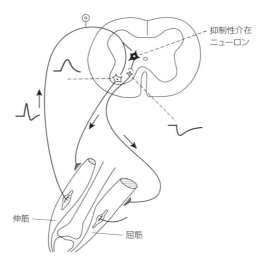

図 2-39 拮抗筋における相反性神経支配. この回路では，抑制性ニューロンの働きがよくわかる．膝の伸筋と屈筋の拮抗筋における相反的な神経支配を示している．この場合は，伸筋を収縮している場合で，伸筋には興奮性の神経情報を伝え，屈筋には，抑制性の介在ニューロンを介して，抑制を掛けている．

的な神経回路において，各種シナプス電位を使った情報処理を最大限に利用している．

シナプス部位が神経系のもつ可塑性の機能を担う

　神経系は上記のような電気信号を短時間で伝えるだけではなく長時間にわたる変化を示す．経験によってさまざまな情報を蓄積し，次の反応時により上手く反応することもできる．これらの記憶とか学習といわれる機能で，どんどん系自体が向上してゆく能力をもつ．これは，神経系の可塑性という．これらのすべては，生理学的にはニューロンレベルのシナプス結合の長時間にわたる変化を基礎にしている．シナプスには，そのようなもう1つの重要な特徴も備えている（3-4 睡眠は記憶と関係がある，参照）．

2-4　感覚系：こころの外界への窓

　動物の感覚能力は素晴らしく，例えば，カイコのメスは，ボンビコールというフェロモンを出してオスを呼び寄せる．オスは触覚にこのボンビコールを検出する感覚器をもつが，この検出感度たるや，ボンビコール1分子である．ものすごい検出感度である．犬も嗅覚に関しては，素晴らしい感度をもつ．

　しかしヒトでも，犬にはとても劣るとしても，暗室で写真の現像をするときに現像液と定着液を区別するためにちょっとかげばすぐにどちらかわかる．この短時間に物質を同定する能力は，ちょっとした人工センサーには負けていない．

　また，私たちヒトは視覚的な感覚世界に生きていて，視覚が特に優れている．白黒フィルムとカラーフィルムをもっていて，白黒フィルムは，光に対

2章 いのちの働き：システム（系）における細胞連携　　63

して非常に高感度で，たった1光量子さえ検出できる．また，カラーフィルムは，光に対する感度は低いが，光の波長のちょっとした違いを色の違いとして区別できる，色覚の能力をもつ．

そして暗い所では白黒フィルムを，明るい所ではカラーフイルムをと自動的に切り替えている．そのお蔭で，昼，暗い映画館に入ったときには見えにくかった状況がだんだん慣れて見えるようになる（暗順応）．また，映画館から明るい外に出たとき，最初はまぶしいがだんだん慣れてくる（明順応）．

このように2つのフィルムの切り替えで，弱い光から強い光まで対応できる．動物達の中には，私たちが想像もできないさまざまな感覚世界に生きているものもいる．弱い電気を出す魚たちは，発電器により体の周囲に規則正しい電場をつくり，そのひずみを頭部にある電気感覚器で感じて世界を見ている．コウモリは音波を発して，物体に当たって跳ね返ってきた音波を受信して，食べ物のガなどの動きを検出している．これを**エコロケーション**という．ガの方もこの音波を検出する聴覚器官をもっていて，両者で音波合戦をしている．

ある種のヘビは頭部に，孔器官（pit organ）というくぼみ状の感覚器官をもち，これで動物の発する微弱な熱線を感じている．左右の孔器官と孔器官内のどの部分で熱線を感じるかで，熱源の方向と大きさもわかる．これらはすべてヒトでは経験できない感覚世界である．

2-4-1　感覚の一般論

最初に，感覚器が共通にもつ機能や特徴について，その一般論を考えてみよう．

感覚の種類をモダリティーという，このモダリティーの分類は，受け取る刺激の種類によって決まる

ヒトの感覚を考えると，味覚，嗅覚，視覚，聴覚，触覚，の五感に加え，圧力感覚，温覚や冷覚の温度感覚，痛覚，湿度感覚など色々な感覚がある．これらの感覚の種類を**モダリティー**とよぶ．例えば，ヒトでは味覚と嗅覚は，まったく異なるモダリティーの感覚である．感覚器もその情報を伝える神経線維も，その情報が投影される中枢も違う（2-4-2 視覚・味覚・嗅覚を参照）．受けている刺激も味覚の場合は，溶液中の化学物質で，嗅覚の場合は気体状の化学物質である．生理的機能も味覚の場合は，口に含んでの食べ物としての判定である接触化学感覚であるのに対して，嗅覚の場合には，化学物質の存在を知る遠隔化学感覚である．

しかし，魚の場合は，どうであろうか．コイなどでは，ヒトと同じように味覚と嗅覚は異なるモダリティーの感覚であることが判明している．コイも，ヒトが嗅覚で感じるものは嗅覚で，ヒトが味覚で感じるものは味覚で感じているようである．しかし，味覚は液体状の化学物質で，嗅覚は気体状の化学物質である違いはなく両方とも液体状の化学物質である．それでは，もっと下等な動物，線虫[25]の化学感覚ではどうだろうか．クラゲやイソギンチャクの化学感覚はどうだろうか．味覚と嗅覚の区別は難しくなってくる．

この辺の事情は，さまざまな動物が示す独特の感覚世界を考えると，ます

*25）　線虫は，大腸菌，ショウジョウバエ，マウスなどとともに，生命科学研究に集中的に使われていて，これらをモデル生物と呼ぶ．線虫は細胞数が少ないため神経系の研究などに役立っている．

ます，難しくなる．そのような事情と，感覚器がもつ共通の機能を考慮して今日では，感覚を，どのような形のエネルギーの刺激を受け取るかで分類している．そうすると，感覚は，**化学受容と光受容と機械受容**（例外的に**電気受容**も）に分類される（感覚と受容の違いは次の項で説明する）．

そうすると，味覚，嗅覚は化学受容に，視覚は光受容に，聴覚，触覚，などは力学的力を刺激とするので機械受容に分類される．

感覚の共通の機能はさまざまな形のエネルギーの刺激を電気信号に変える変換器としての働きである，これを受容という

感覚器が何をしているのかが初めてわかったのは，体中の皮膚にあって，触られた感覚，触覚をつかさどっている感覚細胞，パチニ小体（**図 2-40**）を使った実験によってである．**図 2-40**，**2-41** にあるようにパチニ小体は，線維の先端が感覚のために玉ねぎの輪切りのような層構造をしている．これに圧力がかかると変形して神経情報に変わるのである．

圧力によって最初に起こるのは，さまざまに大きさの変わるアナログの脱分極性の電気反応である．これは，シナプスでの興奮性後シナプス電位（2-3-3 化学伝達を参照）とよく似ている．刺激が弱いと小さな脱分極性の電位変化が起こる，刺激が強いとその電気変化は大きくなる．これを**受容器電位**（receptor potential）という（**図 2-41**）．

その電気変化が，そのすぐそばで，軸索を伝わる活動電位の電気信号に変わる．この場合，受容器電位が小さいときは，発生する活動電位の頻度は低く，受容器電位が大きいときは，頻度は高くなる（**図 2-41**）．それで，この活動電位の列を**頻度暗号**（frequency code）とよぶ．

この事情はパチニ小体だけの話ではなくて，すべての受容器にあてはまることが明らかになった．すなわち化学受容器，光受容器，機械受容器でそれぞれは，自分にとっての刺激（適刺激）を受け取って，それを受容器膜の脱分極（受容器電位）に変え，それが最終的に神経線維を伝わる活動電位に変えるのである（**図 2-42**）．

すなわち，受容器はさまざまなエネルギーの形の刺激を，受容器電位を経て，最終的に活動電位による頻度暗号という最終出力に転換する転換器である．

これが，すべての感覚器が共通にもつ機能で，このコアの機能を受容といい，これを行うのが**受容器**である．感覚の中心機能は，受容，すなわち変換器としての機能であるので，感覚をどのようなエネルギー状態の刺激を変換するかで，化学受容，光受容，機械受容と分類するのは合理的である．

受容器は感覚器の中で，その中心的な機能を果たす部分であり，受容器は感覚器の一部となる．例えばヒトの視覚器は眼球全体で，ここには，レンズもあり絞りもフィルムもある．しかし，この中で光を受け取って電気信号に変えるのは，フィルムである網膜の中の一部の視細胞といわれる細胞である（2-4-2 視覚の部分参照）．

まとめとして，「感覚器の共通の機能，それは受容である．受容器というものは，つまりは適刺激のエネルギーを所属の神経線維のインパルスのメッセージに転換する転換器である．」と覚えておこう．

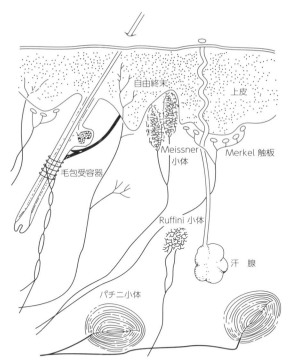

図 2-40 皮ふの感覚受容器官. 触覚の感覚器官, パチニ小体が, 他の感覚器官とともに皮ふに見られる.

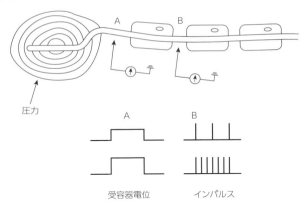

図 2-41 パチニ小体における感覚受容. パチニ小体に加わる圧力刺激による電位変化を示している. 最初に色々に大きさの変わる脱分極性の受容器電位が発生し, それによって活動電位が生じ, それが神経線維を伝わっていく.

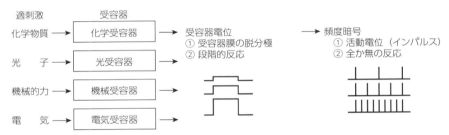

図 2-42 受容器の基本的機能. それぞれの受容器は, それぞれの適刺激を受け取って, まず, 受容器電位を発生し, その次に, 活動電位よりなる頻度暗号を発生する. これが, 受容器の最終出力である.

私たちの主観的な感覚の違いは感覚器ではなく脳が決めている

　私たちが，ビートルズの音楽を聴いたり，シャガールの絵を見たり，モカのコーヒーを味わったりするときは，感覚器からそれぞれ聴神経，視神経，味神経という，感覚細胞の軸索の束を通って，感覚中枢に電気信号が届く．その場合，どの感覚の場合でも，神経を伝わるのは，0か1の活動電位である．

　私たちが外界を見る場合も，視覚中枢に届くのは非常に簡単な0か1かの電気信号である．だから，私たちが見ている現実の世界も，そのような簡単な電気信号を使って，各自の脳がつくり出している世界であることを知る必要がある．

　「え，ビートルズもシャガールもモカもみんなあの簡単な頻度暗号なの？　ウソだ．僕が感じるビートルズの世界とシャガールの世界はまったく違うよ．それどこから来ているの？」との問いには，感覚器ではなく，感覚中枢がそれをつくり出していると言わざるを得ない．もちろん，舌は化学物質を，目は光を，耳は音をそれぞれ電気信号に変える独特の働きがあるのだけれども，それらは同じ電気信号として伝わるのだから，最終的なあの大きな感覚世界の違いは結局感覚中枢である脳が決めていることになる．この事情は，目を使わないで物を見ている夢を考えるとよりわかりやすい（3-4 ヒトの睡眠と夢を参照）．

受容器の共通の機能として順応がある

　感覚には，同じ強さの刺激を感覚器に与え続けていると，次第に感覚が弱くなる現象がある．特に嗅覚でこれが顕著で，痛覚ではあまり顕著ではないが，すべての感覚で見られ，これを**順応**という．これは，脳の機能ではなく，感覚器の機能であることがわかっている．

　図2-43にあるように，感覚器に同じ強さの刺激を与えると，私たちの感覚は弱くなる．この場合に，感覚器の最終出力である頻度暗号を見てみるとやはり頻度は減少している．さらにその前の受容器電位を見てみても同様に減少している．これらのことから，順応は受容の初期の過程から働いていることがわかる．

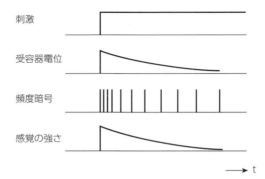

図2-43　感覚器の順応の機能．感覚器に同じ強さの刺激を与えているとだんだん感覚が弱くなる順応の減少は，受容器の働きである．感覚が弱くなるときに，同時に，頻度暗号や受容器電位も減少している．

刺激と感覚の量的関係は対数関係である

刺激と感覚の量的関係はどのようになっているであろうか．それは，前述のパチニ小体で確かめることができる．パチニ小体の層構造に加わる圧量と受容器電位と頻度暗号を測定すればわかる．その結果が**図 2-44** である．

圧力刺激と受容器電位の関係は対数の関係である．すなわち，刺激が10倍，100倍と増えると受容器電位は2倍3倍と増えている．受容器電位と頻度暗号の関係は，比例関係である．受容器電位が2倍，3倍になれば，受容器電の頻度も2倍，3倍になっている．

そうすると，最終的に刺激と頻度暗号の頻度との関係は，対数関係になる．刺激が10倍，100倍になると最終出力の頻度暗号は2倍，3倍になり，非常に広い範囲の刺激に対応して反応できていることがわかる．これが，「感覚器に加わる刺激情報は，知覚線維の周期的インパルスによって伝えられ，インパルス[26]の頻度は刺激の強さの対数に比例する」というエイドリアンの法則である．これは，心理学の有名な感覚のウェーバー，フェヒナーの法則「ヒトの感ずる感覚の強さ[27]は，刺激の対数に比例する」と一致する．かたや感覚器のレベルの話で，もう一方は脳のレベルの話で，この両者が一致することは驚きである．

*26) 活動電位が複数発生している状態をインパルスという．

*27) 通常感じる感覚の強さは，脳科学で数量化するのは難しいが，心理学では精神物理学といってよく研究されている．

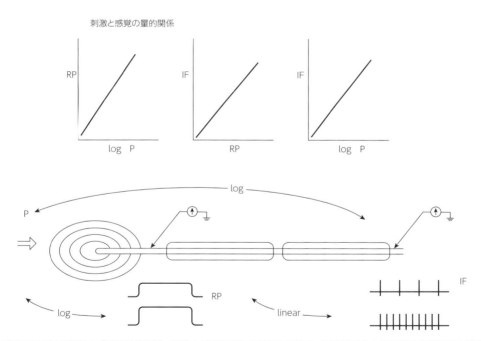

図 2-44 受容器における刺激と感覚の量的関係． 刺激と受容器電位の関係は対数で，受容器電位と頻度暗号の関係は比例関係である．そのため，刺激と頻度暗号の関係は対数の関係になっている．すなわち，刺激の強さが10，100，1,000倍と増えると，受容器の最終出力である頻度暗号の頻度は，2，3，4倍と増える．（P：圧力，RP：受容器電位，IF：頻度暗号）

2-4-2 視覚・味覚・嗅覚の仕組み

ここでは，化学物質を電気信号に変える化学受容と光を電気信号に変える光受容に絞って，それぞれの仕組みを見てみよう．

味覚と嗅覚は同じ化学受容であるが，仕組みは色々と違う

私たちの味覚は舌で感じる．舌の表面に多くの突起が見える．これを舌乳頭というが，この中にある**味蕾**に味を味わう細胞がある．舌乳頭の断面図を見ると舌の上皮が一度落ち込んでまた隆起して落ち込んでいるのがわかる．この隆起した所が乳首に似ていて乳頭とよばれる．この落ち込んだ箇所の上皮に丸い構造が見える，これが味蕾である．この中に味を感じる**味細胞**がある．

味刺激が来る場所に味細胞はたくさんの微絨毛を伸ばしていて正確にいうとここで味を感じる．味細胞に味覚物質を与えると，ここで受容器電位が発生する（図 2-45）．

味細胞は，底で神経細胞とシナプスしている．すなわち，味覚の化学受容細胞は神経細胞とは別になっている．図 2-46 には，たくさんの種類の受容細胞が書かれていて，(a)の視細胞（光受容細胞）と(c)の有毛細胞（聴覚受容細胞）と(e)の味細胞（化学受容細胞）が，感覚細胞と神経細胞が別になっていて**二次感覚細胞**（secondary sense cell）とよばれる．味細胞の場合は，通常なら細胞は死んでしまうような熱湯とかあるいはマスタードなどの刺激物に接触するため数週間で死んでしまう．そのため，まわりの支持細胞が味細胞に分化してきて補充している．神経細胞の方は一生を通じて生きているため，味細胞は二次感覚細胞になっているのである．

味覚は，甘味，塩味，酸味，苦味，旨味[*28]の5種の味質の感覚によって成り立っている．甘味はショ糖，塩味は塩化ナトリウム，酸味は酢酸，苦味はキニーネ，旨味はグルタミン酸によってもたらされる味覚感覚である．これらが複合して味覚の感覚が生ずるが，これらの5つの基本味の分子機

*28) 以前は，味覚は甘味，塩味，酸味，苦味の4基本味でできているといわれていたが，長い間の日本の味覚研究者の主張が認められて，旨味が加わって，現在では5基本味となっている．

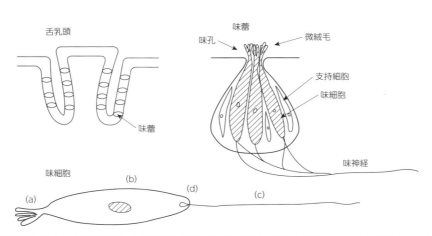

図 2-45 味覚器の構造．私たちの味覚は舌にある味細胞で感じる．味細胞は，舌の舌乳頭の上皮にある味蕾の中に存在する．味細胞の先端は微絨毛の構造があり，ここで味覚化学受容を行う．根元では，味神経の神経細胞とシナプスしている（(a)味細胞の微絨毛，(b)味細胞の細胞体，(c)味神経，(d)シナプス）．

構は異なっている.

　嗅覚は，鼻で感じる．鼻の穴の一番上部の嗅上皮で匂いを感じる（**図 2-47 (a)**）．この嗅上皮に匂い刺激を受け取る**嗅細胞**が存在する．嗅細胞は，粘膜層に嗅線毛を伸ばして，ここで匂い物質を認識する（**図 2-47 (b)**）．**図 2-46**には，(b) パチニ小体，(d) 嗅細胞，(f) 孔器官の熱受容細胞が，書かれているが，これらは感覚細胞が同時に神経細胞を兼ねている．これを

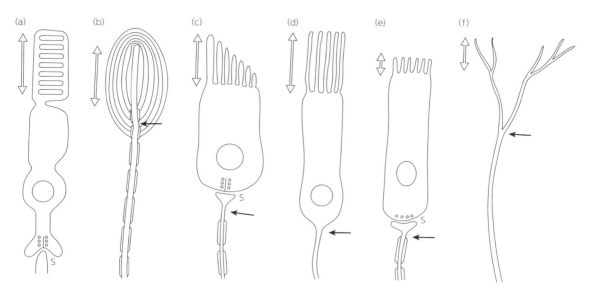

図 2-46　さまざまな感覚受容細胞．感覚受容を行う細胞は，その先端部分が感覚のために特殊な構造をしている．(a) 視細胞，(b) パチニ小体，(c) 聴覚の有毛細胞，(d) 嗅細胞，(e) 味細胞，(f) 自由神経終末のうち，化学受容を行うのは (d) と (e)，光受容は (a)，残りは機械受容である．→はインパルス発生部位を，Sはシナプス部位，⇔は受容部分を示す．

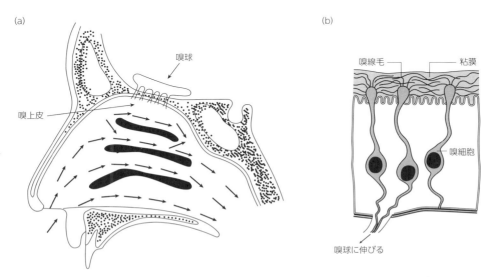

図 2-47　嗅覚の感覚器．(a) 嗅覚は，鼻の嗅上皮で行われる．(b) 嗅上皮には，嗅覚の受容細胞，嗅細胞が存在する．この細胞は，粘膜層に嗅線毛を出し，ここで匂い物質を認識する．上部（この図は上下が逆になっている）では，嗅覚の中枢である嗅球に神経線維を伸ばしている．

一次感覚細胞（primary sense cell）とよぶ．嗅覚の受容細胞，嗅細胞も一次感覚細胞である．嗅細胞の神経線維は上方に伸びて，嗅覚の中枢である嗅球に伸びている（図 2-47 (b)）．

ヒトは視覚的感覚世界に生きていて，これが感覚の中では一番よく研究されている

ヒトは視覚的な感覚世界に生きていて，脳に入ってくる感覚入力の90％以上が，視覚的入力といわれている．光を感じる視感覚も2種のフィルムを使い分けていたり，素晴らしい能力を持ち合わせているが，同時に長さ，平行，大きさ，傾き，奥行き，モノの動き，その速さの認識など光学機械としての視知覚の能力も非常に優れている．

視覚器，眼球

この視覚器は，ヒトの場合，**眼球**である．これは，カメラにとても似ているのでカメラ目とよばれている．図 2-48 (b) に列記してあるようにその部品もカメラと目はとても似ている（図 2-48）．しかし，詳細に検討すると，ヒトがある対象を見るときは，カメラとはとても違うことが起こっていることがわかる．

（1）対象物に両目の軸を合わせる眼軸の収斂，（2）ピント合わせをする遠近調節，（3）目は一般的に光の強さに応じて絞りを調節する対光反射を行うが，近くの物を見るときにはさらに絞りをぐっと閉める輻輳性瞳孔反射を行う．（2）のピント合わせは，カメラではレンズの位置を前後に動かして，ピントを合わせるのであるが[*29]，ヒトの場合は，レンズのひっぱりを緩めてレンズの曲率を高めるのである．[*30]

これらの3つの反応（**近距離反射**）に加えて，さらに，その後で，対象物に対して，眼球が動くのである．これを**生理的眼振**といい，逆にこの眼振と同じ速度でモノを動かすと見えなくなる．しかし，こんなことをカメラで行ったら，ぶれて映像にならない．このようなことよりカメラと目は相当違うようである．

*29) カメラと同じ仕組みでピント合わせをする動物達もいる．タコ・イカ・魚などは，レンズの位置をずらしてピント合わせをしている．

*30) このため，年を取るとレンズの柔軟性が減り，曲率の変化が速やかに起こらないため，小さな文字が見えにくくなる．これが老眼である．

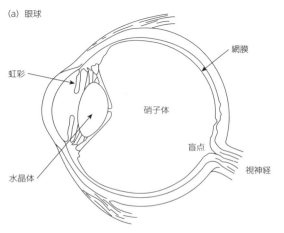

図 2-48　視覚の感覚器，(a) 眼球と (b) カメラとの比較．ヒトの眼球はカメラとよく似ているので，カメラ目とよばれる．

網膜

　眼球の外側には，一番大切な約 1 mm 程の薄い膜がある．これが**網膜** (retina) である（**図 2-49**）．網膜は，脳のように層構造をしていて，そこでは，神経細胞が規則正しく配置していて，縦にも横にも回路網をつくっていて，複雑な視覚情報の情報処理を行っている（**図 2-49（a）**，**図 2-50**）．

　光を受け取る光受容細胞は，網膜の一番外側にある．そして脳に視覚情報を送る神経節細胞は脳から遠い網膜の一番内側にある．すると光は前のレンズを通って網膜を通り抜けて，一番奥の部分で電気信号に変わる．ここから，網膜で内側に向かって視覚情報の処理が行われ，神経節細胞に情報が伝わり，ここから目の内側に視神経（神経節細胞の軸索の束）が出る．脳とは反対方向に神経線維が出ている．そこから，一部の網膜をぶち抜いて，脳方向に視神経が走る．このように光とその感覚情報の伝達はひどく複雑になっている[31]．

　そのため，盲点といわれる所は，網膜がないので，ここに対象物が当たると何も見えない．

[31] すべての動物がこのようなヒトと同じ仕組みではなく，わかりやすい細胞のならびになっているのもある．例えば，イカではレンズ，光受容細胞，視神経，脳というように順に並んでいる．

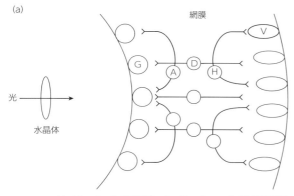

V：Visual cell（視細胞），G：Ganglion cell（神経節細胞），
D：Dipolar cell（双極細胞），H：Horizontal cell（水平細胞），
A：Amacrine cell（アマクリン細胞）

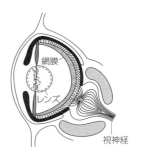

捕足図：イカのカメラ目

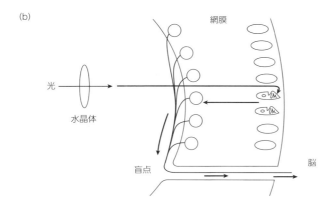

図 2-49　網膜の構造．(a) 網膜は，規則正しい層構造をなしていて，神経細胞が縦にも横にも神経回路をなして，複雑な視覚情報処理を行っている．(b) 網膜における光と神経情報の伝わり方は，かなり複雑な様相を示している．光は一番奥の視細胞で受け取られ，神経情報は内側に進み，そこから視神経は，網膜を一部，ぶち抜いて，脳の視覚中枢側に進む．そのために，一部像が見えない盲点といわれる場所が生ずる．

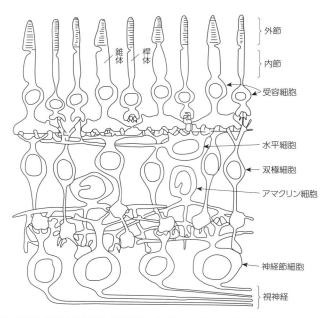

図 2-50　網膜を構成する主要な神経細胞．網膜の内側から，神経節細胞，アマクリン細胞，双極細胞，水平細胞，光受容細胞（視細胞，桿体と錐体）がある．

視細胞

　視細胞（visual cell）には，白黒フィルムにあたる**桿体**（rod）とからフィルムにあたる**錐体**（cone）がある．これが私たちの光受容細胞である（**図2-51**）．この細胞は，一般的な細胞にあたる内節と繊毛が特殊化した外節からなる．この外節部分が光受容を行う部分である．外節部分には，ディスク膜といわれる膜構造がたくさんあり，ここに光と反応する感光色素である視物質が存在する．

　外節と内節の結合部はくびれていて，結合繊毛が両者を結んでいる．ここは，電気信号の伝導とともに，各種分子やエネルギー分子 ATP の輸送路にもなっていて，内節部分には ATP 生産工場であるミトコンドリアが密集している．

　視細胞は，桿体は 1 種類で，錐体は色覚のため 3 種類[*32]である（**図2-52**）．すなわち，それぞれ，赤，緑，青に感受性のある錐体である．

視物質（感光色素）

　網膜は暗い所で取り出すと赤い色をしていて（視紅），これに光を当てると黄色になり（視黄），最後に真っ白になる（視白）ことより，光受容の初期過程はこのような感光色素の変化であると予測されていた．それが今日では，視細胞の外節に存在する，光と反応する分子，**視物質**である．

　これは，タンパク質にカロチノイドと総称される感光色素が結合している複合タンパク質である．これについては，白黒フィルムの桿体のものが一番よく研究されている．桿体には 1 種類の視物質しかないし，動物によっては，特に夜行性の動物の中には桿体しかもたないものがあるため，研究しやすかったのである．

[*32]　その 3 種のセンサーのうち，1 つが欠損しているのが色盲である．そのため色盲には，第一色盲，第二色盲，第三色盲と，3 種が知られている．

2章　いのちの働き：システム（系）における細胞連携　　73

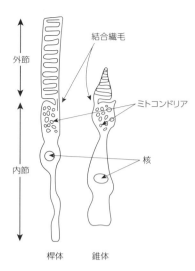

図 2-51　光受容細胞の桿体と錐体. 光受容細胞は，視細胞とよばれ網膜の一番外側にある．視細胞は白黒フィルムの桿体とカラーフイルムの錐体からなる．視細胞は，外節と内節に分かれ，光受容は外節で行われる．

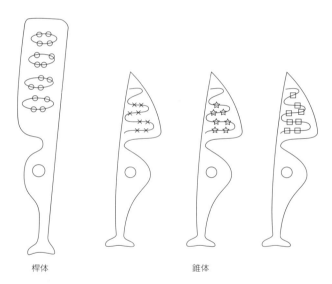

図 2-52　視細胞と視物質. 視細胞には，それぞれ異なる光化学反応を行う感光色素，視物質をもつ．白黒フィルムの桿体では，1種類の視物質が知られ，カラーフイルムの錐体では，3種類の視物質が知られる．錐体の3種類の視物質は，それぞれ，赤（Red），緑（Green），青（Blue）の波長の光を受け取るものである．

　桿体の視物質は，**ロドプシン**とよばれ，オプシンというタンパク質と**レチナール$_1$**とよばれるビタミン A$_1$とよく似た分子の複合体である．レチナール$_1$とビタミン A$_1$は，非常に近い関係にあり，ビタミン A$_1$がアルコールで，レチナール$_1$はそのアルデヒド[*33)]である．ビタミン A$_1$が酸化するとレチナール$_1$になり，還元するとその逆反応が起こる．

　ビタミンもレチナールも，立体異性体が存在する．それは，炭素の側鎖がすべてトランス（互い違い）になっていて，炭素の枝がまっすぐに伸びてい

*33) アルコールが酸化されるとアルデヒドになる．酒を飲んだ後の二日酔いの原因物質でもある．

るものと 11 番と 12 番の炭素の側鎖が同じ方向にあり，そこで枝が折れているものである．前者を**オール-トランス-レチナール₁**（ビタミン A₁），後者を **11-シス-レチナール₁**（ビタミン A₁）とよぶ（**図 2-53**）．

この 11-シス形からオール-トランス形への変化が，光受容のための最初の光化学反応である．光によりロドプシンの 11-シス-レチナール₁ の変化により，ロドプシン分子（視紅）が中間段階（視黄）を経て，最終的に退色反応が起こってレチナールとオプシンに分かれる（視白）．

そのため，ロドプシンは光を受け取ってドンドン失われるので，これを補充しなければならない．これは，アルコール脱水素酵素とイソメラーゼの酵

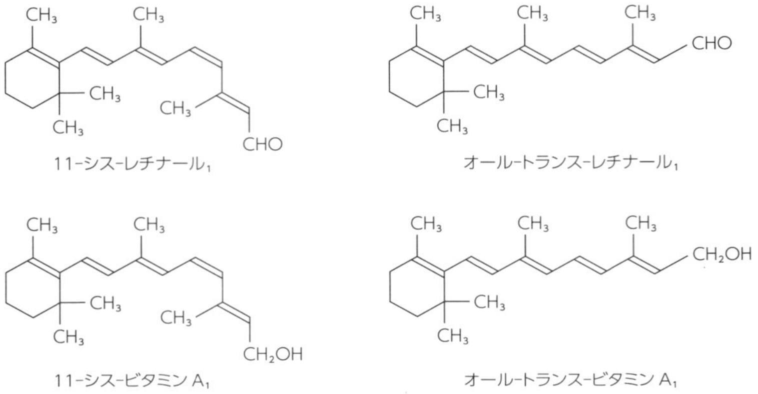

図 2-53　桿体の視物質ロドプシンに含まれる感光色素発色団レチナールの分子構造． ロドプシンに含まれるレチナール₁ は，ビタミン A₁ の誘導体である．ビタミン A₁ がアルコールで，レチナールがその酸化型のアルデヒドである．両者とも 11-シス形とオール-トランス形がある．

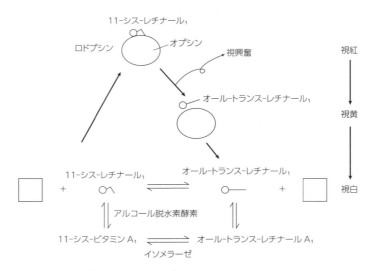

図 2-54　ロドプシンの光化学反応とロドプシンの補充． ロドプシンは光を受け取ると，11-シス-レチナール₁ からオール-トランス-レチナール₁ への光化学反応が起き，最終的にレチナール₁ とオプシンに分かれる．この光によるロドプシンの変化の中間段階で，視興奮が起こる．光によって失われたロドプシンは，網膜の酵素系によって補充される．アルコール脱水素酵素とイソメラーゼの酵素系である．その中で一番主要な反応は，ビタミン A₁ から 11-シス-レチナール₁ への変化・補充である．

素が働いて，主にビタミン A_1 から 11-シス-レチナール $_1$ が生産されて，ロドプシンが補充されている（図 2-54）．

2-4-3 感覚の分子機構

いよいよ，感覚の分子機構の解説である．これについては，光受容が最も早くしかも一番詳しく明らかになっている．その次に嗅覚がわかっている．一番簡単と思われた，味覚はそれらより遅れていてまだ完全な理解に到達していない．ここでは，比較的わかりやすい嗅覚について説明し，次に，視覚について説明しよう．ここでは驚くことにこの節にでてきた細胞内情夫伝達機構が顔を現す．生命現象では，まったく異なると思われた現象に，同じような仕組みが現れるのである．

感覚受容の受容分子は，内分泌系で出てきた G タンパク質と共役する GPCR である

化学受容（嗅覚）の場合

嗅覚の化学受容は嗅細胞の繊毛で行われる．そこの繊毛膜には，匂い物質を受け取る受容分子が存在する[*34]．この受容分子は，内分泌系のホルモン受容体と同じ，GPCR（**G タンパク質共役型受容体**）である．匂い物質を受け取った受容体は活性型になり，隣の G タンパク質を活性化する．そうすると G タンパクは隣のアデニル酸シクラーゼを活性化し，cAMP を産出する．これが，嗅繊毛の Na チャネルの細胞内側に結合して，チャネルを開く．それによって細胞内にプラスイオンの Na が流入し，脱分極性の受容器電位が発生する．これが，活動電位になるため，嗅細胞に挿入した電極では，受容器電位と活動電位の両方が記録されている（図 2-55）．

[*34] 匂い分子の受容体は，今日では何百種のものがあると考えられている．それを初めて明らかにしたのは米国のアクセル博士とバック博士で，「匂い受容体遺伝子の発見」の研究で，2004 年にノーベル生理学・医学賞を受賞している．

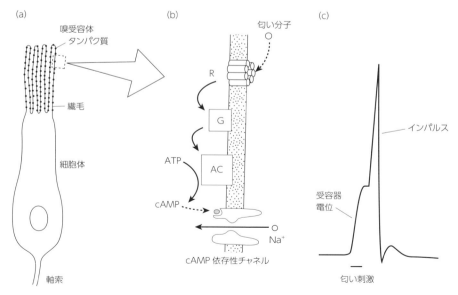

図 2-55　嗅覚化学受容の分子機構．嗅覚の分子機構においても，内分泌で出てきた細胞内伝達機構が現れる．(b) ここでも GPCR と cAMP が主要な役割をしている．匂い分子を受け取った受容体が G タンパクを介して，アデニルシクラーゼの活性化による cAMP の合成，cAMP のイオンチャネルへの結合によるイオンチャネルの開状態の出現，(c) 受容器電位の発生へと進む．
R：匂い受容体，G：G タンパク質，AC：アデニル酸シクラーゼ

光受容（視覚）の場合

視覚の光受容も基本的には同じような GPCR の関係した仕組みが働いているが，多少複雑になっている．ここでは，セカンドメッセンジャーに cAMP の代わりに **cGMP（環状グアノシン１リン酸）** が使われている．これは，ヌクレオチドの塩基の部分が A の代わりに G に代わっただけである（**図 2-56**）．また，私たちの光受容の場合は，受容器電位の発生の仕方が，逆になっている．暗黒のときが，視細胞は一番興奮していて，光が届くほど電位は下がるのである．すなわち，光によって視細胞は過分極性の反応を示す（**図 2-58（c）**）．

光が届いていないときには，視細胞の Na チャネルの内側には，cGMP が結合して開いていて，チャンネルは開いている．それにより Na が流入してきて細胞内は，電位が上がって，脱分極の興奮の状態になっている．ただ，この場合，同時に，K イオンが同じだけ流出して，電位は安定している．これに対して，光が届くと，cGMP が分解して，Na チャネルから cGMP が外れ，Na チャネルが閉じる（**図 2-57**）．それにより，Na イオンの流入がなくなり，電位はマイナス方向に振れる（**図 2-58（c）**）．

ここでディスク膜に存在するロドプシンと細胞膜の Na チャネルを結ぶのが cGMP である．そして，ロドプシンは，GPCR として働くのである．光が来ると，ロドプシンのレチナール$_1$が光化学反応を起こし，ロドプシンは活性型になる．そうして，隣の G タンパク質を活性化し，活性型の G タンパク質は隣の酵素，リン酸ジエステラーゼ（PDE）を活性化する．それによって，cGMP は分解される（**図 2-56**）．そうすると今まで Na チャネルに結合していた cGMP が消えて，Na チャネルは閉じることになる．それによって，光受容独特の過分極性の受容器電位が発生する（**図 2-58（a）**，**（b）**，**（c）**）[35]．

電位変化が逆ではあるが，内分泌と同様な仕組みがここでもみられるのである．そして，視物質ロドプシンは，ホルモン受容体と同様の，GPCR である．むしろ，今日ではロドプシンは典型的な G タンパク質と共役する受容体と理解されている．例えば，**図 2-59** には，嗅覚の匂い受容分子とロドプシンが並んでいるが，両者の分子構造の共通性には驚かされる．これが，一般的な G タンパク質共役型受容分子の構造である[36]．

*35）このような化学連鎖の仕組みがわかると，私たちの１光量子でも検出できる高感度の秘密が納得できる．１光量子により１分子のロドプシンが活性化されても，それによりリン酸ジエステラーゼの酵素反応によりたくさんの cGMP が分解されることになる．この酵素反応の回転により，増幅機構の仕組みが理解できる．

*36）著者の学生時代には内分泌の G タンパク質と共役する受容体や細胞内情報伝達機構の cAMP，cGMP は知られていたが，これがまさか感覚の仕組みにも使われていることは誰も予想していなかった．特に，光感覚のような素早い反応にこの機構が使われているとは考えも及ばないことだった．

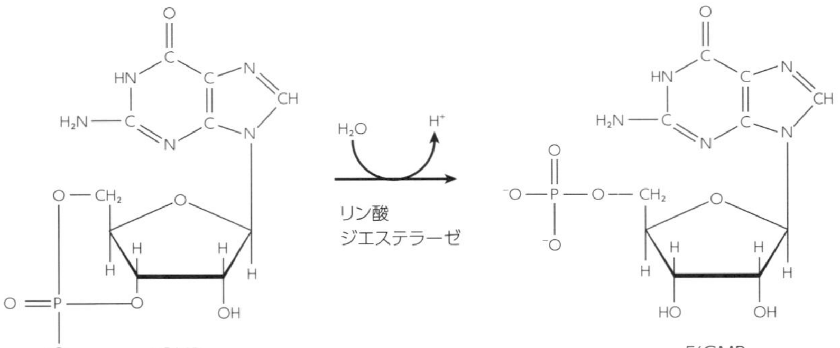

図 2-56　視覚で働くセカンドメッセンジャー cGMP． cGMP は，cAMP とよく似た分子である．A の部分が G に変わっただけである．cGMP は，リン酸エステラーゼによって 5′ GMP になる．

2章　いのちの働き：システム（系）における細胞連携　77

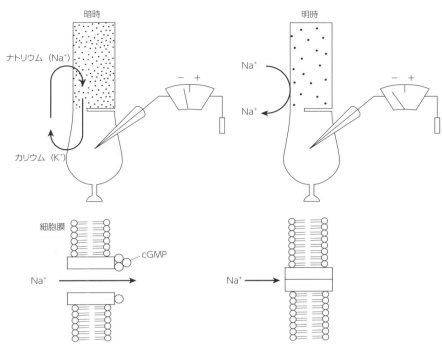

図 2-57　視細胞の過分極性の受容器電位． 視細胞では，通常の受容細胞と違って，過分極性の受容器電位を発生する．光のない状態で視細胞は最も興奮していて，電位は脱分極状態にある．この場合には，視細胞の Na チャネルに cGMP が結合していて Na チャネルは開いている．光があたると cGMP が Na チャネルからはずれ Na チャネルは閉じる．これにより Na の流入が減り，電位はマイナス側に振れる．

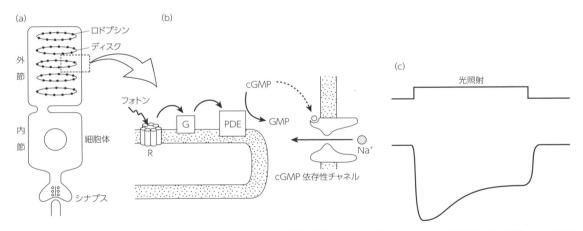

図 2-58　視興奮の分子メカニズム． 嗅覚と同様，細胞内情報伝達機構が働く．ここでは，ロドプシンが GPCR の働きをし，cAMP の代わりに cGMP が現れる．暗黒と光の状態が逆になっているが，嗅覚の場合と基本的には同じである．

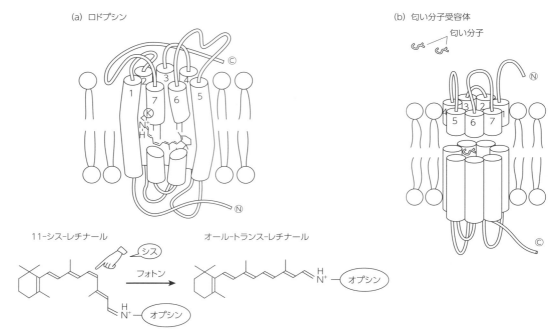

図 2-59 嗅覚の匂い物質受容体とロドプシンの共通性. 両者とも分子構造は似ていて，典型的な G タンパク質と共役する受容体である．これらは，ホルモン受容体とも同様の共通性をもつ.

2-5 運動系：外界への反応

　神経系の中で神経情報の指令を受けて反応を行う部分を効果器とよぶ．これには，繊毛，発電器，発光器，分泌腺などがあるが，最も顕著なのが筋肉である．私たちの筋肉には，縞模様のある横紋筋とない平滑筋がある．横紋筋は，四肢などを動かす骨格筋と心臓の拍動を行う心筋がある．
　ここでは，運動系として最も一般的な骨格筋について，それを動かす神経情報である電気信号が，どのように筋収縮を引き起こすかという，**興奮収縮連関**（Excitation contraction coupling, EC coupling）に注目して解説しよう（図 2-60）.

2-5-1　筋収縮

骨格筋細胞は筋芽細胞が多数融合してできた多核の融合細胞である

　骨格筋を形成しているのは，**骨格筋細胞**である．この骨格筋細胞は非常に大型の核をたくさん含んだ多核細胞である．長さは，筋肉全体と同じ長さである．この骨格筋細胞の発生を見ると，最初は普通のサイズの**筋芽細胞**が分化してくる．そして，多数の筋芽細胞が細胞融合を始め，筋管ができ始め，最終的に筋芽細胞の核のみが残った大きな多核細胞（シンシチウム）になる．大型の単一細胞になることによって，一斉の収縮が可能になる（図 2-61 (a)）.
　一方，**心筋細胞**は，普通のサイズの細胞である．しかし，この場合も心筋

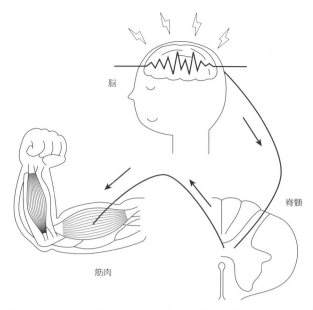

図 2-60 興奮収縮連関. 神経細胞の電気興奮が，筋収縮に結びつく過程を興奮収縮連関という．

　細胞同士は**ギャップ結合**という細胞結合によって結合している．ギャップ結合はイオンを自由に通過できる．その結果ギャップ結合でつながった細胞同士は電気的には1つの細胞群としてふるまう（**図 2-61（b）**）．そして，心臓の左右，心室，心房に拍動の周期を決めるペースメーカーがあり，それによって，4つのそれぞれの集団は同時に収縮ができる．
　どちらにしても，骨格筋も心筋も大きな単位として働いていることになる．

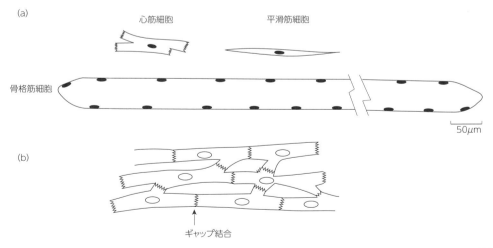

図 2-61 大型の骨格筋細胞と小型の心筋細胞. 筋肉細胞は，そろって収縮をするために特別な仕組みを考えている．骨格筋細胞は，筋芽細胞という通常のサイズの細胞をたくさん融合して，多核のシンシチウムになって，一斉の収縮を可能にしている．心筋細胞は，一つひとつの細胞は小型であるが，これらがギャップ結合によって電気的に結合した，電気的には1つの大きな細胞と同等の大きな細胞集合を形成して，一斉の収縮を可能にしている．内臓筋などの平滑筋にはそのような性質はみられない．

運動ニューロンは筋収縮制御のために骨格筋細胞に対して神経線維を伸ばし1カ所でシナプス結合している,これを終板とよぶ

　この大型の骨格筋細胞の興奮・収縮を制御するために運動ニューロンはその神経終末(軸索の末端)を筋肉細胞にシナプスしている.これを**神経筋接合部**とよぶ.基本的には,通常のシナプスと同じで,化学伝達で興奮が伝わるが,接合部は長い筋肉細胞に1カ所のみである.この接合部は,通常のシナプスと違って球形ではなく円盤状なので,**終板**とよばれる(**図2-62 (a)**).脊椎動物では,ここでの神経伝達物質はアセチルコリンである(**図2-62 (b)**).

　ここでの化学伝達をへて運動ニューロンの電気信号は,筋肉細胞の電気信号になる.ちなみに,活動電位の電気信号を発生・伝導するのは,この長い神経細胞の軸索と筋肉細胞のみである.それで,この両者を**興奮性細胞**(excitable cell)とよぶ.

筋肉の微細構造

　骨格筋の構造を見てみよう.筋肉には,**筋線維(骨格筋細胞)**が多く走っている.この筋線維の直径は100〜500 μm[*37]でとてつもなく太い.その中には,さらに細い線維がたくさん並んでいる.これは,**筋原線維**とよばれ,直径は約1〜2 μmである.ここまでは,通常の光学顕微鏡で観察ができ,白黒の縞模様が見える(**図2-63**).これを横紋とよぶ.

　筋原線維をさらに電子顕微鏡で観察するとさらに細い線維が2種類存在

[*37] 長さの単位は,メートル(m),ミリ(10^{-3})メートル(mm),マイクロ(10^{-6})メートル(μm),ナノ(10^{-9})メートル(nm)である.マイクロメートルまでは光学顕微鏡で見えるが,ナノメートルのレベルは電子顕微鏡でないと見えない.

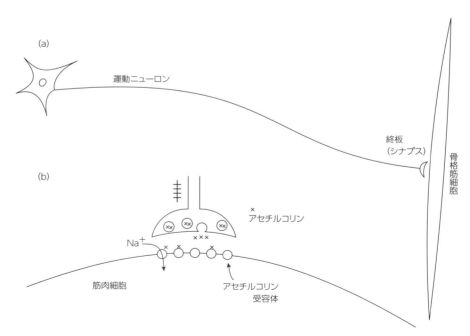

図2-62 神経筋接合部.(a)運動ニューロンは,筋肉細胞にシナプスしている.このシナプス部分を神経筋接合部とよぶ.筋肉細胞はとても長い細胞であるが,運動ニューロンは1カ所でシナプス結合をしている.(b)神経筋接合部のシナプスは円盤状で,終板とよばれる.脊椎動物ではここでの神経伝達物質は,もっぱらアセチルコリンである.

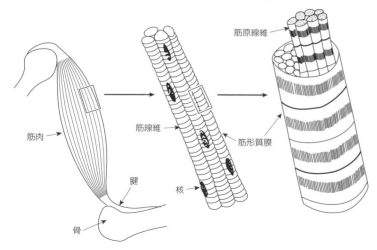

図 2-63 骨格筋の筋肉，筋線維，筋原線維． 筋肉は，大型多核細胞の筋線維（骨格筋細胞）よりなる．この筋線維の中にはたくさんの筋原線維が含まれている．筋線維，筋原線維には横紋とよばれる紋様が見える．

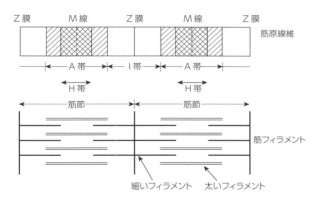

図 2-64 筋原線維の横紋と筋フィラメント． 筋原線維を電子顕微鏡で見ると2種の筋フィラメントが見える．これは，規則正しく並んでいて，それによって横紋が現れていることがわかる．

する．これが，**筋フィラメント**であり，太いフィラメント（直径 15 nm）と細いフィラメント（直径 7 nm）からなり，非常に規則正しく並んでいる．この観察により，横紋の意味が明らかになった．すなわち，太いフィラメントが並んでいる所が黒く見え，細いフィラメントが並んでいる所が白く見えるのである（**図 2-64**）．

筋収縮は太いフィラメントと細いフィラメントの滑りで起こる：筋収縮のすべり説

この筋原線維の模様と筋フィラメントの並びを，筋収縮の弛緩時と収縮時を比較することにより，筋収縮の仕組みが明らかになった．筋フィラメントの様子の方がより直接的にわかるのであるが，筋収縮は，両者のフィラメントの長さは変わらなくて，2つのフィラメントが滑り込んで，筋節[*38]の長

*38) 筋節：細いフィラメントの真ん中にZ膜とよばれる構造がフィラメント直角に走っていて，このZ膜と次のZ膜の間を筋節といい，筋肉の最小単位となっている．

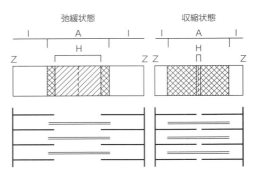

図 2-65 収縮時と弛緩時の筋原線維と筋フィラメントの比較. 筋肉の弛緩時と収縮時を比較すると，収縮によって 2 種の筋フィラメント自身の長さが短くなるのではなく，フィラメント同士が滑り込んで，Z 膜同士ではさまれた筋節の短縮が起こることがわかる．それに対応して筋原線維の横紋の変化も見られる．

さが短くなっていたのである（**図 2-65**）．

この考え方を**すべり説**（sliding theory）とよび，二人の研究者が別々に異なるやり方で同じ結論に達している[*39)]．

2-5-2 興奮収縮連関の仕組み：細胞・組織機構

興奮収縮連関は，収縮系と膜系の共同作業であり，キーワードは Ca イオンと筋小胞体である

ここまで来ると，興奮収縮連関は，骨格筋細胞の活動電位が，どのようにして 2 つのフィラメントの滑りに結びつくのかという問題になる．それは，筋肉の収縮系と膜系の共同作業である．

まず収縮系を見ていこう．筋肉には複雑な膜構造が付着しているが，これをすべて除いても全体の構造は保たれているため，収縮系の性質を調べることができる．それは，低温のグリセリンの中に漬けて膜を取り除いたグリセリン筋[*40)]や，職人芸で筋線維の膜をはぎ取った名取のスキンドファイバーなどである．これらの標本で，筋収縮には ATP と Ca が必要であり，収縮系では収縮後の弛緩がなく収縮したままであることが判明した．すなわち，正常な筋肉で起こる収縮後の弛緩は，膜系が担っていることになる．

次に膜系である．筋肉細胞には複雑な膜系が取りついている（**図 2-66**）．まず，筋肉細胞の細胞膜は，たくさん，奥に入り込んでいる．これを T 小管（横行小管）という．この T 小管の先端はふくらみになっていて，ここにもう 1 つの膜構造，**筋小胞体**（sarcoplasmic reticulum，SR）が近付いている．筋小胞体も両端が膨らんでいて，T 小管と三連構造をつくっている（**図 2-67**）．

筋小胞体は，Ca ポンプをもっていて，いつも Ca を筋小胞体の中に取り込んで，筋原線維の部分の Ca 濃度を低く保っている．しかし，同時に Ca チャネルももっていて，興奮が来たときには，このチャネルを開いて，筋原線維の部分の Ca 濃度を上げることができる．これで，筋収縮を制御している（**図 2-68（a）**）．

まず，筋肉細胞の活動電位が T 小管を経て，興奮の内部波及により，筋

[*39)] すべり説については，英国の 2 名の研究者が，独立に別のやり方で同じ説に到達している．一人は Hugh E. Huxley で，彼はこの研究には電子顕微鏡技術が必須と考え，米国ロックフェラー大学で電顕技術を習得してこの説に到達した．一方，Andrew F. Huxley は，横紋の模様を観察して，この説に到達した．こちらは，論理構成がとても上手で，頭がよくないと難しい方法と思われる．実際，A.F. Huxley はとても頭の良い研究者で，神経興奮の素晴らしい研究（活動電位の Na 説）を行って，こちらの方で 1963 年に「神経細胞の末梢および中枢部における興奮と抑制に関するイオン機構の発見」でノーベル生理学・医学賞を受賞している．この頃，英国は生理学で非常に優秀な研究者を多数輩出している．

[*40)] グリセリン筋は，アルベルト・セントジョルジの発見による方法で，細胞膜が完全に溶けるので，収縮成分のみを調べることができる．セントジョルジは，1937 年にビタミン C の研究でノーベル生理学・医学賞を受賞している．また，順天堂大学医学部生理学教室の名取礼二教授は，器用な手を使って，骨格筋細胞の膜をぴりっとはぎ取った標本で，収縮成分を調べている．

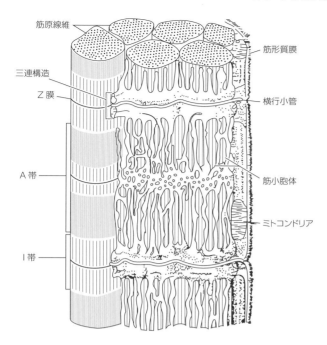

図 2-66 骨格筋細胞における膜系. 筋原線維のまわりを筋小胞体や横行小管などの膜系が取り囲んでいて，膜系は複雑な様子を示す.

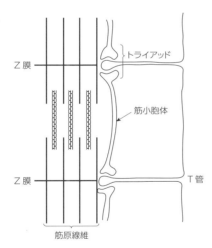

図 2-67 筋収縮に関与する膜系と収縮系. 筋原線維の収縮系とその近傍の膜系，筋小胞体と横行小管（T管）の様子を模式的にわかりやすく示している.

小体のCaチャネルが開いて，筋原線維の部分のCa濃度が上がり，太いフィラメントと細いフィラメントの相互作用が始まり，両者の滑りが起こり，筋収縮が起こる．しかし，同時に筋小胞体は常にCaポンプでCaを取り込んでいるので，また再び筋原線維の部分のCa濃度は下がる．それで，両フィラメントの相互作用は終わり，両側からの引っ張りによりもとの長さにもどる，すなわち弛緩する（**図 2-68 (b)**）.

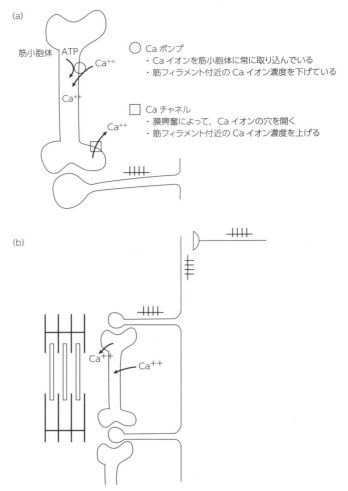

図 2-68 興奮収縮連関の細胞・組織機構．(a) 筋小胞体は Ca ポンプによって Ca イオンを蓄積している．同時に筋小胞体は興奮によって Ca チャネルを開いて，筋小体外の筋原線維周辺に Ca を放出することも行う．(b) 運動ニューロンから活動電位のインパルスが届くと，神経筋接合部からアセチルコリンが出て，最終的に筋細胞の活動電位が発生する．これが骨格筋細胞を伝わり，横行小管によって興奮の内部波及が起こる．これによって，筋小胞体の Ca チャネルが開き，筋原線維付近に Ca イオンの放出が起き，Ca 濃度が 1 μM（M はモル濃度）（10^{-6} M）以上になると筋フィラメントの相互作用が始まり，筋収縮が起こる．しかし，同時に筋小胞体は Ca イオンをいつも取り込み続けているので，再び Ca イオンの濃度は減少し，筋フィラメントの相互作用は終了し，弛緩する．

このように，興奮収縮連関は，筋小胞体が Ca の濃度を上げ下げすることによって，両フィラメント同士の相互作用を引き起こしたり，終わらせたりすることによるのである．

2-5-3 興奮収縮連関の仕組み：分子機構

それでは，Ca イオンによって，両フィラメントの相互作用が制御される分子機構を最後に見ていこう．

興奮収縮連関の分子機構は，ミオシンとアクチンの相互作用の Ca イオン，トロポニン，トロポミオシンを介した制御である

太いフィラメントは，ミオシンとよばれる大型のタンパク質でできている（図 2-69）．ミオシンは，電子顕微鏡で分子の形が見えるほど大型であり，頭部と尾部の名前が付いている．頭部には，筋収縮にとって必須な 2 つの機能をもっている．それは，(1) ATP を分解してエネルギーを取り出す，ATP 加水分解の活性と (2) 筋収縮のもう 1 つの相手であるアクチンと結合する活性である（図 2-70 (a)）．

筋収縮を化学的に考えると以下のように考えることができるので，これらの活性をアクチンの方は持ち合わせていることになる．

$$\text{アクチン} + \text{ミオシン} \underset{}{\overset{ATP \quad ADP + P}{\rightleftharpoons}} \text{アクトミオシン} \tag{2.5}$$

太いフィラメントはこのミオシンが規則正しく集合したものである．頭部を外側に顔を出して，尾部の方で中心部を形成している．すなわち太いフィラメントはミオシンの頭部が顔を出したミオシンフィラメントである（図 2-70 (b)）．

細いフィラメントは，アクチンとよばれるタンパク質でできている．アクチンは通常の球状タンパク質であるが，これが重合して繊維状のアクチンになる．すなわち，G アクチン（球状アクチン）が F アクチン（繊維状アクチン）になり，細いフィラメントになる[*41]．この F アクチンには，興奮収縮連関にとって重要な 2 種のタンパク質も結合している．

これが，**トロポニン**と**トロポミオシン**である．トロポニンは Ca を受けとるタンパク質である．トロポミオシンは，トロポニンと結びつき，F アクチンの全体を覆い，アクチンとミオシンの相互作用を阻止するタンパク質である（図 2-71）．

太いフィラメントのアクチン頭部は，細いフィラメントのアクチンと相互作用して，ワッセワッセの（くっついたり離れたりの）お祭りをしたい．しかし，トロポミオシンはそれを立体障害で抑えている（図 2-72）．Ca 濃度

[*41] 球状（G）アクチンが重合して繊維状（T）アクチンに変わることを GF 変換といい，これは試験管内で，ATP と適当な塩条件で引き起こすことができる．

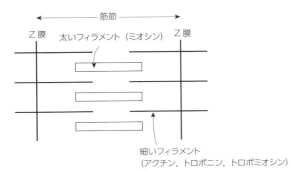

図 2-69　2 種の筋フィラメントを構成する分子群．太いフィラメントは，ミオシンとよばれる大型のタンパク質でつくられ，細いフィラメントはアクチンとよばれるタンパク質でつくられている．細いフィラメントには，トロポニン，トロポミオシンという興奮収縮連関の主役もついている．

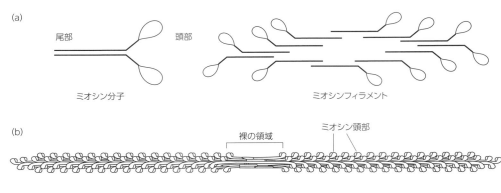

図 2-70 太いフィラメントの分子構成. (a) 太いフィラメントは頭部と尾部に分かれる大型のタンパク質,ミオシンでできている.頭部には筋収縮に重要な,ATP 分解酵素とアクチンと結合する活性をもっている.(b) 太いフィラメントは,このミオシンの集合体である.友ミオシンの頭部が外に顔を出し,尾部が中心の軸部分を形成している.

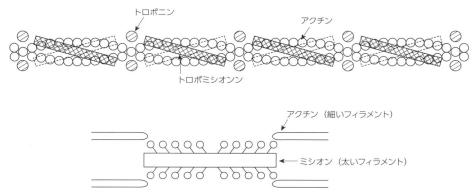

図 2-71 細いフィラメントの分子構成. 細いフィラメントの主成分であるアクチンは,球状のタンパク質である.この球状アクチンが集合して繊維状アクチンになり,これが細いフィラメントの主要構造である.これにさらにトロポニンとトロポミオシン分子が付着している.トロポミオシンはトロポニンと結合し,細いフィラメント全体を覆っている.トロポニンは Ca イオンを受け取る分子で,トロポミオシンはアクチンとミオシンの相互作用を抑制する分子である.

が低いときはその状態である.そこに Ca が来ると,トロポニンに Ca がくっついて,そのことによりトロポミオシンの位置が少し変わり,アクチンとミオシンの相互作用の阻害がはずれる.そうすると,ミオシンとアクチンの相互作用が始まり(**図 2-72**),ミオシン頭部が,アクチンと結合し,スナップして滑らせ,ワッセワッセとお祭りのように,ミオシンの頭部が,アクチンとくっついたり離れたりしながら,スナップをきかせて,ドンドン細いフィラメントを中央に滑らせる(**図 2-73**).

2章 いのちの働き：システム（系）における細胞連携　87

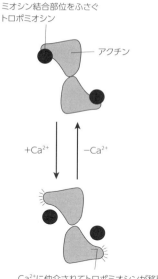

Ca²⁺に仲介されてトロポミオシンが移動し、ミオシン結合部が露出する

図 2-72　興奮収縮連関の分子機構． 太いフィラメントのミオシンの頭部は細いフィラメントのアクチンと相互作用して，ワッセワッセの筋収縮をしたい．しかし，細いフィラメントをおおっているトロポミオシンのお蔭で相互作用ができない．そこに Ca イオンが来てトロポニンに結合すると，その情報がトロポニンからトロポミオシンに伝わって，抑制が解除される．そうすると，ミオシンとアクチンの相互作用が始まり，ワッセワッセで，フィラメントは滑り込む．

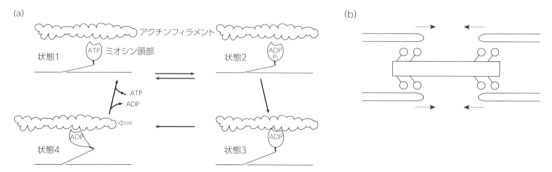

図 2-73　両フィラメントの相互作用による滑り．（a）ミオシンとアクチンの相互作用が始まると，ミオシンの頭部が ATP のエネルギーを使って，アクチンに結合して，スナップをきかせて細いフィラメントを滑らせ，また離れて，というサイクルを繰り返して滑りを実現する．（b）それによって細いフィラメントが太いフィラメントの方へ滑り込む．

ヒトの生命科学

ヒトについて考える

3章

20世紀の原核生物の分子遺伝学において偉大な仕事を行った，モノー[1]は，副題「現代生物学の思想的な問いかけ」のついた哲学的な著書『偶然と必然』[2]の序文の中で，示唆に富む言葉を述べている．その要旨は，以下のとおりである．「生物学は諸科学の間で周辺にあると同時に中心にあると言えよう．それは，生物の世界は，宇宙の中のごく特殊な一部をになっているに過ぎないからである．だが同時に科学の究極の野心が人間の宇宙に対する関係を解くことにあれば，生物学に中心的な位置を認めざるを得ない．生物学こそ〈人間の本性〉とは何かという問題の核心に，最も直接的にせまろうとするからである」．すなわち，生物学には形而上学のことばを使わないでもいえるようになるまえに当然解決されていなければならないような問題の核心に迫る責務があると述べている．

著者は，ヒトの心について哲学の方と議論するといつも堂々巡りになる．自然科学のようにもっとみんなで共有できる事実に基づいて議論を建設的に進められないかと熱望している．そのためには，脳科学などがもっと直接心を議論できる科学になることを願う．しかし現在，脳についての神経科学は非常に進み，脳機能についての知見の蓄積は加速度的に進んでいる．その中には，脳の精神機能について考える材料も増えていることも事実である．

これらから，脳科学を含む生命科学の視点から，ヒトについて考えてみよう．

[1] モノー(Jacques Lucien Monod)．元パスツール研究所所長，オペロン説で知られる分子遺伝学のパイオニア的仕事で，1965年のノーベル生理学・医学賞（受賞タイトル「酵素とウイルスの合成の遺伝的制御の研究」）を受賞．パスツール研究所に所長で在籍中に死去．

[2] 『偶然と必然：現代生物学の思想的な問いかけ』（J. モノー著，渡辺格・村上光彦訳，みすず書房，1972）．

3-1　生命の歴史とヒトの歴史

生命の歴史の中で，ヒトはごく短期間に出現・進歩を遂げた動物である．しかし，この歴史をみると運よく滅亡を免れたなれの果てともいえる．ヒトは特異な動物で現生人類以外他のすべてのヒト族は滅亡してしまって，たった1種しか生き残っていない．生物学的に見たとき，そもそもヒトとはどのような生き物で，どこから来てどこに行こうとしているのか，考えてみよう．

動物の歴史は，古生代，中生代，新生代に分けられる

ヒトの歴史を考える前に，生物の歴史を簡単に見てみよう．ちなみに地球の誕生は45億年前であり，38億年前に細菌類が，21億年前に真核単細胞生物が，10億年前に多細胞生物が出現している．地球の歴史は，5億4,000

万年前までの前カンブリア時代とそれ以後の生物が繁栄する顕生代に分けられる.

顕生代は，古生代と中生代と新生代の特徴ある時代に分けられる．時代の区分は，それぞれの時代の最後に生物の大絶滅が起こって，新しい生物相が現れたためである（表 3-1）.

古生代（5 億 4000 万年〜2 億 5000 万年前）は，初期のカンブリア爆発が特徴である．カンブリア爆発によって，突如，脊椎動物を始め地球上に現れたすべての動物群が出現することになる．しかし，2 億 5000 万年前に，地球上で最大の生物大絶滅が起こり，約 90 〜 95％の生物が絶滅したといわれている.

これは，地球の地殻変動にともなう大規模な火山活動，メタンハイドレートの気化にともなう酸素濃度の低下，など地球上のさまざまな原因によるものである.

中生代は，その大絶滅の後に出現してきた生物の時代である．特徴的なことは爬虫類から進化した恐竜の繁栄である．恐竜とその仲間は，地球のすべての場所で，支配者として 1 億 6500 万年の長きにわたり繁栄を誇っていた[*3].

その時代に，私たちの祖先の哺乳類もいたけれども，恐竜に完全に抑え込まれていて，小型で穴に住み夜活動する，日陰の存在であった.

そのことをよく示すのが，哺乳類の色覚である．私たちの仲間の哺乳類たちが，この色覚の能力を失っている悲しい事実である．ウシ，ウマたちは，2 種の錐体しかもたない 2 色型色覚である（図 3-1）．私たちヒトは，3 種のセンサー（RGB）をもっていて，美しいカラーの色覚世界をもっている．夜行性で色覚の必要がなくなった哺乳類は 2 型になったのであるが，3000 万年前にサルがビタミン C を豊富に含む色鮮やかな果実の獲得に有利な色覚を獲得した．3 番目のセンサーを再獲得したのである．そのお蔭でヒトも色覚を回復した.

[*3] 以前の，のろまな巨大爬虫類で，変温動物で活動が外界の温度に依存し，自分で勝手に大きくなって，そのために滅びたと思われていた恐竜のイメージは今，完全に覆っている．哺乳類などを完全に封じ込めて地球中で繁栄を誇っていた動物群である．絶滅も自分のせいではない．現在のさまざまな哺乳類と変わらない社会行動もしていて，その予想図は今日のアフリカの保護区で生息する哺乳類の社会と変わらない.

表 3-1　**生命の歴史年表.** 地球の歴史は前カンブリア時代と生物の目立つ顕生代に分かれる．顕生代はさらに古生代・中生代・新生代に分かれる．それぞれの時代区分の間には生物の大量絶滅が起こっている.

前カンブリア時代（45 億年前）
45 億年前　地球の誕生
38 億年前　最初の生物出現
顕生代（5.4 億年前〜現在）
古生代（5.4 億年前〜 2.45 億年前）
カンブリア爆発
2 億 5100 万年前史上最大の生物大絶滅
（95％ 絶滅）
中生代（2.45 億年前〜 6500 万年前）
恐竜の繁栄（1 億 6500 万年間）
6500 万年前　地球への隕石衝突
大型動植物の大量絶滅（75％ 絶滅）
新生代（6500 万年前〜現在）
6000 万年前　哺乳類の時代
700 万年前　人の出現
20 万年前　ホモ・サピエンスの出現

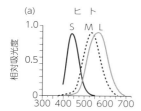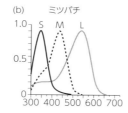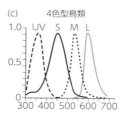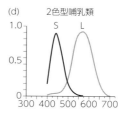

図 3-1 動物の色覚のセンサーの多様性. (a) ヒトやサルは 3 種のセンサーをもっているが，中波長（M）のセンサーの波長特性は長波長（L）のセンサーとかなりダブっている．(b) 昆虫のミツバチも 3 種のセンサーで色を見ているが，300〜350 nm 付近もきちんと見えていて，センサーの波長特性もヒトより優れている．(c) 恐竜，鳥類などは 4 種のセンサーで美しいカラーの世界を見ている．紫外（UV），短波長（S），中波長（M），長波長（L），の 4 種のセンサーの波長特性はきれいなカーブを描いている．(d) 多くの哺乳類は，中波長のセンサーを失っている．

実は，魚類，両生類，爬虫類，鳥類は，4 種の錐体をもつ 4 色型色覚である．恐竜とその後継者である鳥類の色覚センサーの波長特性は素晴らしいものである．しかしヒトの 3 種のセンサーについては，再獲得した中波長（Green）の波長特性は，短波長（Blue）のそれとダブっている．鳥は間違いなく「君達は素晴らしいカラーの世界を見ていると思っているだろう．違う，違う，俺たちのカラーの世界は比べ物にならないほどに素晴らしいのだから．ざまーみろってんだ．」と言っているに違いない[*4]．

その恐竜の繁栄の時代は突然に終わる．6500 万年前に，地球に大型隕石が衝突するという大事件が起こり，それが原因で地球 2 番目の生物大絶滅が起こるのである[*5]．そのお陰で，新しい時代，新生代が始まる．500 万年の大型動物のいない空白時代の後，哺乳類の時代がやって来る．今まで抑え込んでいた恐竜がいなくなったお蔭で，その後を継ぐように哺乳類が大型化し，例えば，ヒヅメをもった動物が海に出てクジラになったりもしている．われらが哺乳類の時代の 6000 万年が到来する．これが新生代の特徴である．

ヒトの出現と進化の歴史は独特である

ヒトは，サルの仲間で直立歩行をする動物として 700 万年前に現れた．ヒトはサルの中で唯一直立歩行する．そのため，サルの仲間と違い，頭骨と脊柱が直角に交差している．サルの仲間はそうなっていない（**図 3-2**）．

その後，700 年の間にさまざまなヒトの種が出現した．大別すると，猿人，原人，旧人，新人などでそれぞれの体形で区別できるヒトのグループである（**図 3-3**）．北京原人，ジャワ原人，ネアンデルタール人，クロマニヨン人などは，世界史の教科書でも出てきたかもしれない．

しかし，はっと気が付いて後ろを振り向いてみたら，私たちのうしろにいた他の人種は，すべていなくなっていた，絶滅していた．私たち現生人類は，アフリカで 20 万年前に出現したヒトである．このヒトの種をホモ・サピエンス（*Homo sapiens*）[*6] という．これも，寒冷期に一時絶滅の危機を迎えながら，南アフリカの海岸沿いで生きながらえて，また温暖期がおとずれて，回復してきた人たちである．

この集団が，アフリカに広がって，さらに，シナイ半島を渡って，ヨーロッパやアジア，さらにベーリング海をへて北アメリカ，南アメリカまで地

*4) 色覚のセンサーの研究者は以下のように述べている．「色は物に付いているのではなく，光線に付いているのでもない．波長の違いを"感じる"ために，脳が引き起こしているのが色の感覚なのである．言い換えれば，色は頭の中で脳が塗っているのである」と．色は物理的な特性ではなく脳がつくり出している現象であるとのことである．そうすると，恐竜や鳥達はどのような素晴らしい色の世界を見ているのであろうか．興味深い疑問であるが，答えるのは難しそうである．

*5) 恐竜大絶滅については，以前はさまざまな説が登場したが，今日では，大隕石衝突が定説になっている．その 1 つの事実が，6500 万年前の地層に異常に高濃度のイリジウムが見られることがある．イリジウムは本来地球の地殻にはなくて，宇宙から来ているので，非常に低濃度に均一に存在している．そのためこの時期に隕石によってイリジウムが持ち込まれたことになる．隕石衝突後の詳細なシナリオはわからないが，（それでもかなり詳細なシミュレーションは色々行われている），地球上に劇的な事態を招いたことは間違いなさそうである．恐竜のみならず，大型の軟体動物や大型のシダ類など多種多様な生物がいなくなり，500 万年間にわたり大型の動物群は現れていない．

*6) 多様な生物を仕分け・分類する時に生物群の最小単位を種とよび，そのよく似た種のもう 1 つ大きなグループが属である．種の

定義は簡単ではないが，遺伝子が非常に近く（同じ種でも遺伝子の個体変異はある），かけあわせによって子，孫，と問題なく生殖が進む生物群を種と考える．この種名はラテン語で属種の2名法で記載する．現生のヒトは種名 *Homo sapiens* である．現生のヒトは1種であるので，黒人・白人・黄色人種関係なく子供をもうけることが可能である．

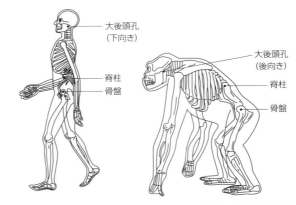

図 3-2 ヒトとサルの骨格の比較．ヒトとサルの頭骨と脊柱の関係を比較すると，ヒトが真の直立歩行に進化したことがわかる．

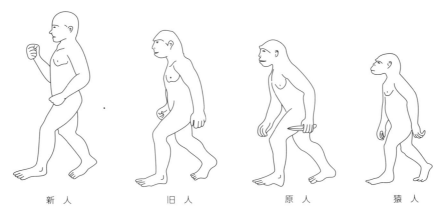

図 3-3 ヒトの進化．ヒトは，猿人，原人，旧人，新人に大別でき，その順番に，体形を変えながら進化してきた．その中でも特に脳の巨大化は顕著である．猿人では，サルの頭がヒトの体にのったようなものであるが，それが，最終的には現在のヒトのように変化してくる．この過程でたくさんのヒトの種が現れてくるが，結局は現生人種1種を除いてすべて絶滅してしまった．

*7）クロマニヨン人と同時期に生きたネアンデルタール人がなぜ絶滅したかについては，多くの有力な説が出ているが，それでもまだよくわからない．ネアンデルタール人の脳は大きく，残した壁画などの各種遺物から，それなりの人種であったと思われる．そして，クロマニヨン人とネアンデルタール人の関係もどうだったかよくわからない．以前は，両者は恐れて交流がなかったと思われていたが，最近では，さまざまな相互作用があったという意見も出てきている．クロマニヨン人が直接ネアンデルタール人を襲撃しなくても，限られた食物環境の中での間接的な競争まで考えうると，可能性はさまざまで簡単ではない．

球全体に広がっていったのである（**図 3-4**）．この過程で，もともと髪がちじれ毛で顔・体も黒かったものが，ヨーロッパに進出したものは，髪は直毛になり，顔・体は白くなっていって，アジアに来たものは，黄色になった．この変化は生物学的には非常に速かったと思われる．

ヨーロッパでは，2万年前までは，ホモ・サピエンスのクロマニヨン人とともに，異種のネアンデルタール人が共存していた．寒い時期で，ネアンデルタール人はそれを防ぐためがっしりむっくりの体形をしていた．それに対してクロマニヨン人はほっそり長身であった．しかし，いつの間にか，ネアンデルタール人はいなくなって，絶滅したのである[*7]．

すなわち，今，地球上のあらゆる所で，はびこっているヒトも，他のすべての種が絶滅してしまって，ホモ・サピエンスという1種の動物グループしか生存していないのである．ゴキブリでも日本で50種，世界で4000種，アリにいたっては日本で270種，世界で2万種もいることを考えると，たった1種というのは，人類種の絶滅の歴史[*8]と照らし合わせると，いかに特異な生物であるかがわかる[*9]．

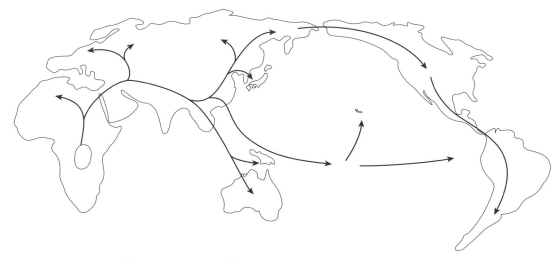

図3-4 ヒトのアフリカから全世界への旅. ホモ・サピエンスは，アフリカから出発して，ヨーロッパへ，アジアへ，北米へ南米へと全世界に広がっていった．この前に，原人も世界に広がっていったことも判明しているがこれらは絶滅してる．

ヒトは非常に短期間に地球上で繁栄し，その活動は恐ろしいほどのスピードである

　同時に，**表3-2**の数字を見ると，現生人類ホモ・サピエンスがいかに地球での新参者であるかがわかる．しかも，もっと恐ろしいのは，何千万年とか何百万年とかの単位ではなく，ホモ・サピエンスの最近の本格的な活動は，たった数百年の単位の時間軸のできごとである事実である．産業革命が250年前で，コンピュータの時代はたった30年前に始まったのである．この短い時間に，ホモ・サピエンスは地球全体にはびこり，地球環境を劣化させ，多くの環境問題をつくり出しているのである．これは，地球の歴史を1年で考えると，師走の12月31日の紅白も終わり，もうすぐ除夜の鐘を聞く頃である．

　また，私たち現生人類は，1種という極端に種の多様性が少ない状態である．これは，強力な病原体に襲われたときに耐性が弱いことを示唆している．私たちの未来を考えるとき，これらのことを慎重に考慮することが求められる．私たち生物学者は，恐竜のように1億6500万年や，哺乳類のよ

表3-2 生物の歴史とヒトの歴史の比較 (単位は年). ヒトの歴史を生物の歴史を数字で比較すると，ヒトはいかに地球上での新参者であるかがはっきりとわかる．そして，そのヒトの活動が本格化したのは，ほんのつい近頃のことである．

地球	45,0000,0000
生物	38,0000,0000
恐竜	2,3000,0000
哺乳動物	6000,0000
ヒト	700,0000
ホモサピエンス	20,0000
産業革命	250
コンピュータ	30

*8) 各種のヒトの絶滅に関して面白い本が最近出版された．以前は，現存するヒトは積極的な狩猟動物で，ヒトが知能や社会性を発達させたのは，共同での狩猟行動によるものであるとの考えが主流であった．それは，以前に出版された"Man the Hunter"（『狩るヒト』）が強い影響を与えている．これに対して，"Man the Hunted"（『ヒトは食べられて進化した』D.Hart & R.W.Sussman 著，伊藤伸子訳，化学同人，2007）では，ヒトは大型猫類などの格好の餌であったと述べられている．この被捕食者としての立場が，ヒトの知恵や社会性を発達させたという主張である．最近の化石資料の蓄積により，ヒトの頭蓋骨にその当時の大型の猫類が噛みついた痕が明確に見られたり，猛禽類（鳥類）に頭を掴まれたヒトの子供の頭骨が見つかっている．これ以外にも多くの事実を列記して説得力のある論を展開している．

*9) ヒトの歴史を考える人類学は，以前の地道な化石を使った研究に加え，最近では遺伝子を使った分子遺伝学的研究が大きな寄与をしている．DNAの塩基配列の比較から，遺伝子の中にたどってきた歴史を見る分子人類学である．

うに6000万年などの長きにわたって生き続けることができるとは、誰も思わない。いや、著者は、ヒトの今後の生存期間は今までのホモ・サピエンスの生きてきた期間（20万年）よりずっとずっと短いのではないかと危惧している。

3-2 ヒトの心の座、脳を考える

ヒトが地球上で特別な存在になりえたのは、脳の発達によるものである

　前節で取り上げたヒトの歴史の中で、猿人・原人・旧人・新人と変化を遂げる過程で、脳は著しい変化を遂げている（**図3-5**）。特に、脳の大きさについては、猿人はチンパンジーとそう変わらない、320～380 mlである。それが、新人では、ついに1400 mlと4，5倍にまで巨大化している。そのヒトの進化と同時にみられる石器の進歩を見ても、脳の進化にともなうヒトの進化がうかがわれる（**図3-6**）。

　ヒトの遺伝子はチンパンジーと98％同一といわれている。ヒトでも遺伝子に個体差があることを考えれば、これはほとんど同じと思ってよい。しかし、ヒトのみが文明をこの地球上に持ち込み、この地球で特別な存在になっている。それは、脳の発達によると思われる。ヒトの脳を概観してみよう。

ヒトの脳は大脳皮質、辺縁系、脳幹に大別される

　図3-7には、ヒトの脳の写真がある。表面はしわが豊富な、1.2～1.6 kgの重量をもつ臓器で、上から見ると（左図）、右と左の2つの大脳半球に分かれている。断面図（**図3-8**）を見ると、ヒトの脳は大きく分けて、大脳皮質と辺縁系と脳幹に分かれる。もともと神経管から発生してきたため中心部

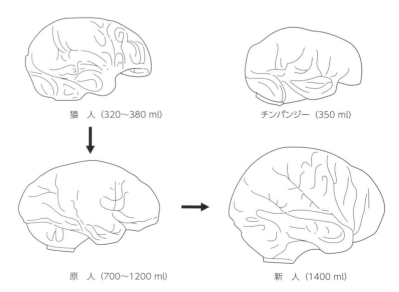

図3-5　ヒトの脳の進化． チンパンジーと猿人，原人，新人の脳の大きさ（頭蓋腔の鋳型）の比較．猿人320～380 mlから原人700～1200 mlを経て新人1400 mlまで巨大化している．

3章 ヒトの生命科学：ヒトについて考える　95

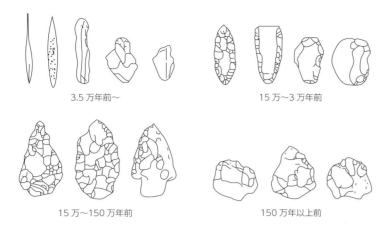

図3-6　ヒトの進化と石器の進化．石器の変遷は，ヒトの進化を如実に示している．工作物はより精巧に変化している．

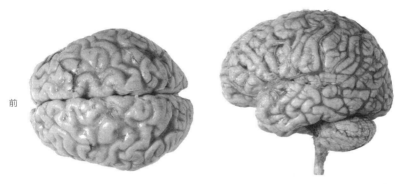

図3-7　ヒトの脳の外観　上より，横より．ヒトの脳の外観，表面はたくさんのしわが見える．上から見ると左右の半球に分かれているのがわかる．横から見ると，大脳，小脳，延髄・脊髄が見える．

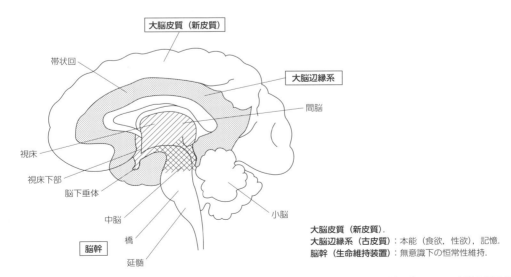

大脳皮質（新皮質）．
大脳辺縁系（古皮質）：本能（食欲，性欲），記憶．
脳幹（生命維持装置）：無意識下の恒常性維持．

図3-8　脳の3つの領域，大脳皮質，大脳辺縁系，脳幹．ヒトの脳は大脳皮質・大脳辺縁系・脳幹に分かれる．大脳皮質は新皮質で，大脳辺縁系は古皮質で食欲・性欲などの本能の中枢で，記憶の中枢でもある．脳幹は，生命維持装置で，呼吸・心拍・血圧など無意識下の恒常性維持の機能を果たしている．

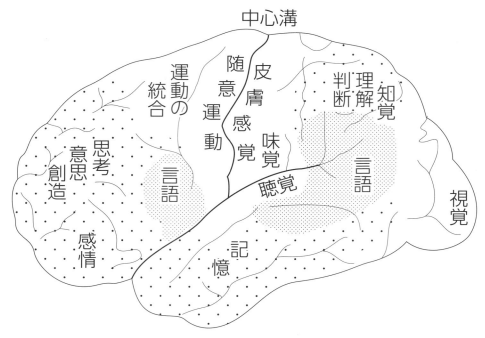

図 3-9　大脳皮質の空間的機能局在．大脳皮質は，それぞれの機能を行う神経細胞集団が空間的に局在している．これを大脳皮質の空間的機能局在という．

に液の満たされた脳室とよばれる部位があり，ここから外に向かって規則正しい層構造をしていて，発生中には内側から層構造が形成されるので，一番外が最も新しい層である．

ヒトでは，脳の一番外側の**大脳皮質**が特に発達していて，新皮質とよばれる．ヒトでは，ここに感覚・思考・運動などの主要な機能のほとんどが押し込まれている．脳の奥の方が，もう少し古い脳，古皮質，**大脳辺縁系**で本能と記憶の中枢である．そしてさらに下部の中脳・橋・延髄の部分が**脳幹**である．ここは，無意識下で体の恒常性維持を行っている所である．血圧の調節，呼吸，心臓の拍動などを制御し，まさに生命維持装置と考えられる所である．

大脳の特徴として空間的機能局在がある．それぞれの機能を担う神経細胞が空間的に集合していて，機能単位をつくり出している（**図 3-9**）．大脳皮質の断面を見ると，同じ機能を担う細胞が縦に円柱状に並んでいて，これをカラム構造といい，この円柱の束が1つの機能局在になっている．

ヒトの脳は大脳皮質の寄与が大きくなりすぎて問題もある

計算機に電卓からスーパーコンピュータまであるように，動物界の脳も多様性に満ちている．しかし，これらを計算機と同じように，処理能力の量・質で並べると，間違いなくヒトの脳は最優秀の最右翼に位置される．しかし，ヒトの脳は大脳皮質にすべての機能を押し込んで，問題点も考えられる．例えば，肥満の問題である．米国人の肥満は深刻な問題であるが，私の研究仲間のご主人もたいそうな肥満体である．お家にお伺いして夕食を一緒

にすると，皆，腹一杯になってご馳走様をした後，そのご主人デューイは，それからアイスクリームを食べたいのである．どうしてであろうか．

哺乳類の場合，食行動は外部要因である味覚関連の刺激（美味しそうなご馳走が見える，いいにおいがする，ちょっと口に入れてみるとめちゃ美味しい）と内部要因である体液性の因子（ハエなどの昆虫では，腹のふくらみ，哺乳類では血糖値などの体液性の因子）の両情報の統合によって決まる．**図 3-10**にあるように，哺乳類で内部要因による制御を受けるのは，辺縁系の**摂食中枢**（満腹中枢と空腹中枢）である．食事をして血糖値が上昇すると，腹内側核が血糖値をモニターしていて，興奮する．そうすると満腹感を感じて摂食を中止する．逆にここを破壊すると過食ネコになる．また，ここに慢性の電極を付けて電気刺激を与えると摂食を中止する．絶食すると血糖値が下がって，今度はすぐそばの外側視床下部が興奮する．そうすると空腹感を感じて摂食を開始する．ここを破壊すると食欲不振ネコになり，逆にここを電気刺激すると摂食を開始する．

このように，哺乳類の摂食は，満腹中枢と空腹中枢の2つの摂食中枢が外からの食物の感覚入力を統合して摂食を制御している．このような仕組みを考えると，満腹中枢が興奮している状態で，なぜデューイはさらにアイスクリームを食べたいのだろう．野生動物では，辺縁系の視床下部が摂食の中枢として機能している．しかし，ヒトでは，大脳皮質の関与がすべてに及んでいて，肥満症の場合は，特にそれが顕在化していると考えられる（**図 3-11**）．すなわち，辺縁系ではなく大脳皮質で食べている．血糖値は上昇しているのに，アイスクリームによる味覚中枢の興奮（美味しいとの快楽）の方が勝っているのである．

例えば，ある心理実験では，健常者に，朝食前，夕食前にたずねると「おなかはとてもすいている」と答えるのに，肥満群は，「そんなにおなかはすいていない」と答えているのである（**図 3-12**）．すなわち，肥満群は，辺縁系の制御とは違うところで食行動をしていることになる．ヒトは時には心

図 3-10 ネコの摂食行動を制御する満腹中枢と空腹中枢の2つの摂食中枢. 辺縁系の底の部分に満腹中枢と空腹中枢の摂食中枢が存在する．腹内側核といわれる所が満腹中枢で，血糖値上昇により興奮し，満腹感が発生する．そのそばの外側視床下部の一部が空腹中枢で，血糖値の減少により興奮し，空腹感が発生する．満腹中枢を破損すると過食ネコになり，空腹中枢を破損すると食欲不振ネコになる．（黒い部分はそれぞれの中枢部位である）．

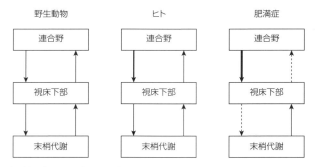

図 3-11 摂食行動の辺縁系による支配と大脳皮質の介入. 野生動物の摂食行動は，辺縁系の摂食中枢（図の視床下部）によって制御されている．ヒトの場合は，大脳皮質（図の連合野）の辺縁系（図の視床下部）への介入が始まる．肥満症のヒトは，この大脳皮質の摂食中枢への介入がもっと顕著になる．

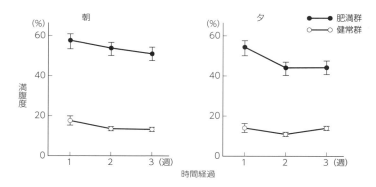

図 3-12 健常者と肥満群の食事前の満腹度. 肥満のヒトは，通常のヒトより食事前にはあまり腹が減っていないことを示す心理実験の結果．それぞれ，健常群と肥満群について，朝食前と夕食前に，主観的な満腹度を聞いている．肥満群は，空腹感とは関係なく食事をしていることがわかる．

のすきまを埋めるために食べていることもある．

このように本来辺縁系が支配すべき所に，大脳皮質が顔を出して心配される事項に，性行動がある．これは，動物では辺縁系が専有して決める事項である．

発情の時期になると辺縁系の脳下垂体や視床下部などのホルモン系が活性化して性ホルモンが出され，メスは発情する．そうするとメスはオスを受け入れて交尾を行い，新しい命が誕生することになる．性行動は性欲をあやつる辺縁系（ホルモンの中枢でもある）の制御によって行われる（**図 3-8**）．

それに対して，ヒトの性行動はいかがであろうか．ある意味では，新しい命の誕生とは関係のない，大脳皮質に支配された，子供を産むという生物的な目標とはかけ離れた生物学的には異常な状況になっている．これも大脳皮質の過支配の弊害と思われる．

3-3 ヒトの言語現象と脳

さまざまな問題もありながら，ヒトのみが文明をこの地球上に持ち込み，

この地球での特別な存在・支配者になっている．それは，脳の発達によると思われる．その中で特に言語をあやつる能力は際立っている．この言語によるコミュニケーション能力によって，私たちは抽象的な概念など深い思考が可能になった．また，文字の発見・利用により，新しい世代は，その前の世代で得られた多くの知識・考えを図書などで取り込んで，容易に仲間に加わることができる．

この状況は，いくら優秀な動物でも，決して追いつけない動物の限界を示している．このヒトの素晴らしい言語コミュニケーション能力に対して，脳はどのように機能してそれを可能にしているであろうか．

動物たちにも各種コミュニケーション能力がみられる

ヒトの言語現象の話に入る前に，動物たちのコミュニケーション能力についてちょっとみてみよう．ヒトの優れた脳は突然現れたのではなく，それ以前の動物たちの脳の絶え間ない改変のお蔭である．そう考えるとヒトの前の動物たちの脳にも，言語に関連した萌芽的機能はみられるかもしれない．イヌやネコをペットにしている人たちは，それに賛同することであろう．

ヒトに近い，サルの仲間では，そのことがはっきりとわかる．例えば，ベルベットモンキーは，さまざまな状況でさまざまな異なる音声を発生するので，音声によるコミュニケーションを行っていると思われる．例えば，捕食者を見張っている個体は，ヒョウを見つけたとき，ワシを見つけたとき，バイソン類のヘビを見つけたとき，異なった緊張感に満ちた警戒音を発する．それを聞いた仲間は，それぞれの警戒音によって異なる防御反応を行う．

ヒョウの警戒音の場合には，樹木の上に逃げる，ワシの場合はブッシュの中に逃げ込む，ヘビの場合は，地表，足元を警戒する．警戒音を録音してそれを聞かせた場合でも，捕食者が見えなくても，それぞれの警戒音に対応した防御行動を示すので，警戒音の中に，「〇〇が来たよ」と捕食者の内容まで含んでいて，それを聞く仲間もそれを認知していることがわかる．

クモザルは，「名前をよびあうクモザル」といわれている．このサルは，警戒音に加えて，相手をよぶときに，ロングコールとよばれる長い音でよぶ．**図3-13**にあるように，A個体がB，C，D，Eなどの個体をよぶときに

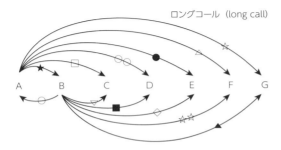

図3-13 名前をよび合うクモザル．クモザルは，ロングコールといわれる長い音声で仲間を名前でよび合う．それぞれの個体に対して異なる音声でよび，よばれる方も，自分がよばれているのはもちろんのこと，自分でない場合でも，誰がよばれているかが認識できている．しかし，AがCをよぶときの音声とBがCをよぶときの音声は同じではない．彼らは，よび手とその音声をセットにして認識していると思われる．

は，それぞれ異なるロングコールでよぶ．よばれた個体は，よんだ個体に近づいていくように，それに的確に反応する．AがCをよんだときに，他の個体は自分はよばれていないがCがよばれていることがわかっているのであろうか．ロングコールをすべて録音して，それを流すプレイバック実験と個体の行動をビデオで長時間観察して解析する行動実験によって，そのことが明らかになった．Cがよばれている場合には，Cは通常Aに反応するのであるが，喧嘩などの事情で反応しない場合，他の個体はすべてCを注視しているのである．

しかし，名前をよびあうといっても，ヒトの場合と事情は異なるようである．AがCをよぶロングコールとBがCをよぶロングコールには，まったく類似性はないのである．そうすると，このサルたちはAが出すこのロングコールはCをよんでいる，Bが出すこちらのロングコールはCをよんでいると，発し手と音声を一緒に知らなければならないことになる．

これは一段と難しいことなので，100個体前後にもなるコミュニティーの全体にこれが機能しているとは思えないが，数個体の家族の中ではこのシステムが機能していることが判明している．

さらに，よりヒトに近い，チンパンジーでは，さまざまなコミュニケーション能力が示されている．特に有名な話が，サラといわれるチンパンジーの記号を使った人とのコミュニケーションである．サラは，約130の語彙（実際は色つきのさまざまな形のマグネットの記号）を使って飼育者のメアリーとのコミュニケーションに成功している．

図3-14にあるように，（サラ）は（入れる）（リンゴ）を（バケツ）に，（バナナ）を（皿）にという記号を見て，それに反応できるのである．これは，飼育者とサラの粘り強い，一歩一歩進む試みの後に示された能力である．最初は，サラはメアリーの前で，バナナやリンゴを落ち着いて食べることができることから始める．その次には，（バナナ）や（リンゴ）の記号が，

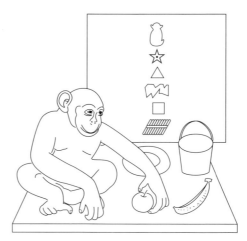

図3-14　チンパンジー，サラとの記号を使ったコミュニケーション．サラは，ボードのマグネットの記号，「サラ　入れる　リンゴ　バケツ　バナナ　皿」を見て，適切な行動を行うことができた．リンゴをバケツに入れ，バナナを皿の上に置くという正しい解釈のためには，サラは単にそれぞれの記号の意味のみならず，文章構造を理解しなければならなかった．

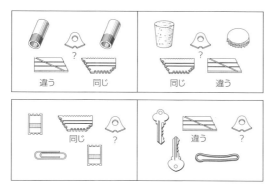

図 3-15 サラが対応できた疑問詞の課題.「同じ」と「違う」という概念の理解が済んだ後,次に「疑問符」の意味をもった記号の課題に進んだ.サラは,この場合でも,疑問符の記号をはずし,それぞれの正解の記号をおくことができた.すなわち,左上では,「同じ」の記号を,右上では「違う」記号を,下の図では,それぞれ同じ物品(左下),違う物品(右下)を置くことができた.

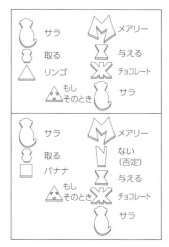

図 3-16 サラが対応できた条件付きの文章.「サラがリンゴをとる,そのときには,メアリーはサラにチョコレートをあげる」「サラがバナナをとる,そのときには,メアリーはサラにチョコレートをあげない」のような条件付きの文章に対して適切に対応できたのである.上の図では,サラはすぐにバナナではなくリンゴを取って,すぐにメアリーにチョコレートをねだったのである.下の図では,チョコレートの好きなサラは,決してバナナを取らなかった.このような適切な反応を行うためには,これらの記号の文章構造の理解が必須である.

ついているときのみそれを食べられる.その次には,(バナナ)や(リンゴ)の上に(与える)に記号がないと(あるいは,サラ自身が置かないと)もらえない.その次には,飼育者の(メアリー)の記号が(与える)(リンゴ)(サラ)の前にないとメアリーよりもらえない.このように,一つひとつ段階が上がるごとにサラはパニックに陥りながらも,次の段階に進めていけたのである.このように,誰が何を誰に与えるの関係を理解したのである.

もっと詳細な日々の事項は,ここでは,割愛するが,**図 3-15** にあるような,疑問文の問題に対しても,反応できるようになった.?の疑問記号を自分で除いて,適切な記号を代わりに置くことができるようになった.すなわち,(同じ)記号を置いたり,(違う)記号を置いたり,適切な物品を置いたりすることができるようになった.さらに,**図 3-16** にあるような,条件付きの文章を理解するようになったのである.上図の記号に対しては,すぐにリンゴを取って(バナナは取らない),チョコレートをおねだりするのである.下図の記号に対しては,サラはチョコレートが欲しいので,決してバナナを取らない.

もちろん,サラがこれらの記号をどのよう認識しているのかはわからない.しかし,ヒトの予想にたがわず反応できるためには,この文章構造の認知ができなければ,決してできる反応ではない.ここまで来るとサラと会話ができそうであるが,音声でのヒトとの会話は難しそうである.音声によるコミニューケーションは鳥の方が優れている.もちろん,サラは通常の生活でこれらの記号を自分で使っている訳ではないが,実験者がこれらをうまく使うと,チンパンジーのコミュニケーション能力の高さを知ることができる.他のサルでは,手話を用いた人とのコミュニケーションの報告もある.

以上見てきたように,動物にも予想外のコミュニケーション能力があることがわかる.しかし,ヒトの言語を使った,コミュニケーションの能力は,格段にレベルが異なる.特に,文字を使った言語現象まで考えると,言語コミュニケーションはヒトの専売特許といっても良いほどである.

ヒトの言語現象の研究は失語症の研究に始まる：ブロカ型失語症

　ヒトの言語現象と脳の関係の研究は古く，1800 年代から重要な研究報告が現れている．脳の各種血管障害[*10)]で，脳の色々な部位が損傷を受けて，言語現象がうまく行かなくなった失語症の患者さんの研究である．脳はそれぞれの機能が空間的に局在しているために，失語症も言語機能全体が失われるのではなく，ある一部の機能が失われる．失語症の患者さんが亡くなった後で，どこの部位が損傷を受けていたかを特定する，神経解剖・神経病理的な研究から，言語現象の脳の関係が明らかになってきた．

　1 つの重要な報告が 1861 年に，ポール・ブロカによって行われている．脳の頭頂部の切れ目（中心溝）の後方側には，体の各部から触覚の感覚入力が投影される感覚野が広がり，前方側には，体の各部の筋収縮を制御する運動野が広がる（前節の**図 3-9** の「皮膚感覚」と「随意運動」の部位）[*11)]．この運動野の最終部分に，顔付近の筋肉の動きを支配する**顔面野**がある．ここは同時に私たちが音声を発する時の声帯の運動を制御する部位である．この部分のすぐそばの部位が損傷を受けると，特異な失語症になる．

　この失語症の場合には，外から見ても，すぐに言語現象に問題があることがわかる．まず，音声が出ない．喋れない．喋れても，発音が崩れていて，断片的にしか音が出ない．しかし，その方に何度も今後の予定をたずねていると，"NewYork"，あるいは "Go NewYork" と崩れた音がでる．「え，何もわかっていないと思っていたら，俺の言っていることはわかるのね．じゃああそこに「進入禁止」という標札があるけど，意味わかる？」とたずねると，うなずく．「なんだ，こちらが言っていることもわかるし，字も読めるんだ．」そんならオウム返しをしてごらんと言って，言葉を呼び掛けても黙っている．

　このタイプの失語症は，言語表出（発話）はできないが，言語を理解する能力は残り，復唱はできない．このタイプの失語症を**ブロカ型失語症**といい，その損傷部位を**ブロカの領野**とよんでいる．今日では，顔面野すぐそばのこの部位の機能はわかっていて，言語表出（音声を出すこと）の中枢である（**図 3-17**）．

ヒトの言語現象の研究は失語症の研究に始まる：ウエルニッケ型失語症

　一方，同じ 19 世紀の 1874 年にカール・ウエルニッケはもう 1 つの重要な失語症の報告を行っている．こちらはブロカ型失語症とはまったく違っていて，ちょっと見には言語現象には問題がないように見える．しかし本当には深刻な失語症である．

　このタイプの失語症は，流ちょうにべらべらと音声が出る．その音声は，リズムや抑揚なども正常で，文法も正しい言葉が表出される．例えば，日本人のこのタイプの失語症の例では，「私はそのことはよく知っているのですよね．でも，今言えません．」とまったく正常な会話である．しかし，話をしていると，話が通じない．問いかけに対して正常に会話ができない．標識もなんて書いてあるかわからない．それではと，オウム返しをお願いして，言葉をかけても黙っている．

　このタイプの失語症は，言語表出は正常にできるが，（内容が相手の問い

[*10)] 脳梗塞，脳出血などの脳血管障害は，がん，心臓病などと並んで今日の主要な疾患である．脳血管に血の塊などの血栓が詰まって，脳の一部が損傷を受ける脳梗塞は，長嶋監督やオシム監督のような野球やサッカーなどの元選手に対しても起こる疾患である．彼らの場合には言語能力は幸いにも回復しているが，失語症になる場合も多い．

[*11)] 中心溝の左右に広がる感覚野と運動野は，それぞれ体全体の触覚感覚と運動制御をつかさどる．感覚にしても運動にしても体の近い所では，脳の近い所，遠い所では脳の離れた所で対応するので，対応するヒトの形が描ける．しかし，感覚野なら感度の高い口付近は大きくなり，鈍い胴回りでは小さくなるので，ヒト形は変形したものになる．これをそれぞれ，感覚の小人，運動の小人という．

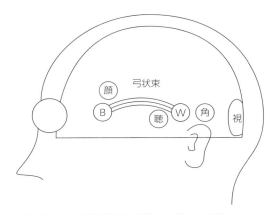

図 3-17 ヒトの言語現象に関連する脳の各部位. 言語現象に関する脳の主要な役者とその位置関係.（B：ブロカの領野，W：ウエルニッケの領野，顔：顔面野，聴：聴覚野，視：視覚野，角：角回）

かけに対応できていないという意味では正常ではないが，流ちょうな音声は出る），言語理解ができず，また文字も読めず，復唱もできない．このタイプの失語症を**ウエルニッケ型失語症**とよぶ．この場合は，聴覚野（聴覚情報が投影される聴覚中枢）と視覚野（視覚中枢）の間の特定の部位が損傷を受けている．この部位を，**ウエルニッケの領野**といい，ここは言語理解の中枢であると判明している（**図 3-17**）．

ヒトの言語中枢は，ブロカの領野とウエルニッケの領野である

このブロカの領野とウエルニッケの領野は言語に特化した中枢で，両者を**言語野**とよんでいる．ブロカの領野が顔面野に近いことはその機能を考えるとき，わかりやすい．音声を出すときには，顔面野が声帯の筋肉をコントロールしてそれを行うが，顔面野は声帯を動かす制御をしているだけで，言葉との結びつきはわからない．それを行っているのがブロカの領野と思われる．ある言葉を発するにはどのように声帯の筋肉を動かせばよいかを教えているのである．

ブロカ型失語症を**運動性失語症**，ウエルニッケ型失語症を**感覚性失語症**とよぶこともある．

ヒトの言語現象は，2 つの言語野を中心に動いている

ウエルニッケは，ヒトの言語現象は上記の 2 つの言語中枢を中心に，比較的少数の役者との共同作業で進んでいると考え，その仮説は，多くの検証によって実証されている．この仮説（現在では定説である，**図 3-18**，**3-20**）を説明し，実証の過程も解説しよう．

ウエルニッケの考えた言語現象に関する役者は，2 つの言語野（ブロカの領野とウエルニッケの領野），弓状束（両言語野を結ぶ神経線維の束），聴覚野（聴覚情報の中枢），視覚野（視覚情報の中枢），顔面野（声帯の運動の中枢），角回（聴覚情報と視覚情報の間の相互の変換），などである（**図 3-17**）．

(a) 言葉を聞く

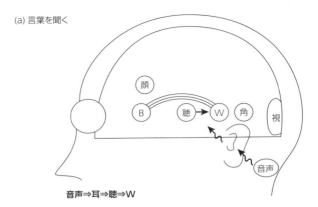

音声⇒耳⇒聴⇒W

(b) 聞いた言葉を復唱する

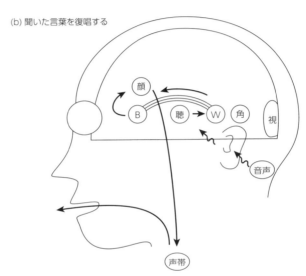

音声⇒耳⇒聴⇒W⇒弓状束⇒B⇒顔⇒声帯⇒音声

(c) 文字を読む

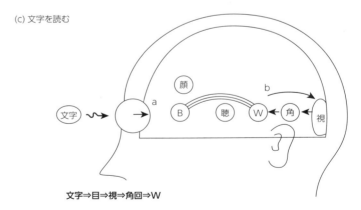

文字⇒目⇒視⇒角回⇒W

図 3-18 色々な言語現象に対応する脳の働き（その 1）．(a) 言葉を聞く場合，(b) 聞いた言葉を復唱する場合，(c) 文字を読む（読書）の場合の脳の働き．（B：ブロカの領野，W：ウエルニッケの領野，顔：顔面野，聴：聴覚野，視：視覚野，角：角回，矢印 a の先は b につながる）

それでは色々な言語現象について見ていこう．まず言葉を聞いて理解する場合，これは，図 3-18（a）にあるように，音声を耳で聞いて，この情報が聴覚野に行って音として聞こえ，ウエルニッケの領野に行って言葉として理解される．次に，オウム返しの復唱の場合（図 3-18（b））は，まず聞いた音声は聴覚野に行き，それからウエルニッケの領野に行って言葉として理解され，それを音声として出すために，その情報は弓状束を通って，ブロカの領野に行く．そこで理解した言葉を音として出すために，それに対応した顔面野への命令を探し出し，その命令にしたがって顔面野は声帯を動かして，聞いた音と同じ音声を出すことになる．

文字などの視覚情報の処理には聴覚情報と視覚情報の仲介を行う角回が必要である

次に，文字を読む，読書の場合である（図 3-18（c））．文字については，目から視覚情報が視覚野に入ってきて見えた後，角回を通って，視覚情報が聴覚情報に変えられて，それがウエルニッケの領野にたどり着いて理解される．

ここは，ちょっと解説が必要である．ウエルニッケの領野は聴覚的感覚入力を受け取るようになっているようだ．角回は，聴覚野で使える聴覚情報を視覚野で使える視覚情報に変える，またその逆も行い，聴覚野と視覚野の仲介を行う領域である（図 3-19）．音声の場合は，聴覚野から直接ウエルニッケの領野に聴覚的情報が届いて理解できる．文字の場合は，一度角回を介して視覚的な情報が聴覚的な情報に変えられてウエルニッケの領野で理解される．

そのため，もし角回が損傷を受けた場合には，hearing（聞く），speaking（喋る）はまったく問題がないのに，reading（読む），writing（書く）はまったくできなくなる．ここからも，言語理解の中枢は，聴覚的な情報が必要とわかる．

耳で聞いた言葉を綴る場合を考えてみよう（図 3-20（a））．この場合も

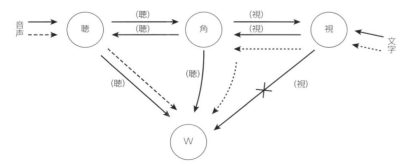

図 3-19 角回の働き．文字に関する視覚が関係する場合には，角回の働きが必須になる．角回は視覚情報を聴覚情報に変えて，聴覚情報を受け取るウエルニッケの領野に情報を渡す．実線はその角回の働きの神経情報の流れを示す．破線は音声から言語理解と，文字からの言語理解の場合のそれぞれについて，神経情報の流れを示している（B：ブロカの領野，W：ウエルニッケの領野，顔：顔面野，聴：聴覚野，視：視覚野，角：角回）．角回が損傷を受けると，音声に関係したおしゃべりは問題ないが，文字に関係した読み書きの言語能力がまったく失われる．

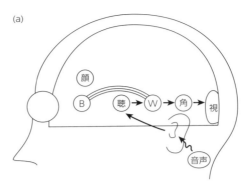

音声⇒耳⇒聴⇒W⇒角回⇒視

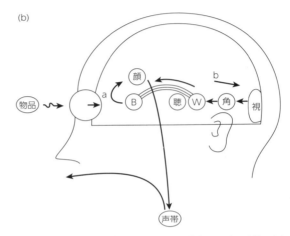

物品⇒目⇒視⇒視覚連合野⇒角回⇒W⇒弓状束⇒B⇒顔⇒声帯⇒音声

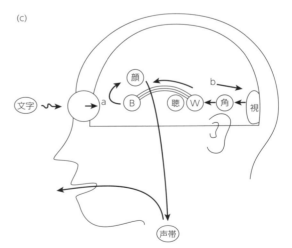

文字⇒目⇒視⇒角回⇒W⇒弓状束⇒B⇒顔⇒声帯⇒音声

図 3-20　色々な言語現象に対応する脳の働き（その 2）. (a) 耳で聞いた言葉を綴る場合，(b) 目で見た物の名前を言う場合，(c) 文字を朗読する場合の脳の働き．(B：ブロカの領野，W：ウエルニッケの領野，顔：顔面野，聴：聴覚野，視：視覚野，角：角回，矢印 a の先は b につながる)

角回による聴覚情報から視覚情報への変換が重要になる．耳から入ってきた音声はウエルニッケの領野で言葉となり，これを文字として書くためには，この情報が角回を介して視覚的な空間情報として視覚野に届かないといけない．

次に目で見た物の名前を言う場合である（**図3-20（b）**）．私たちは物を見てたちどころにその名前を言うことができる．その場合は，まず物の情報が目から視覚野に届き，さらに視覚連合野に行って，視覚情報の特徴抽出が行われる[*12]．その情報が角回を通って，ウエルニッケの領野に行き言葉と結び付く．それを音声として出さないといけないので，弓状束を通って，ブロカの領野に行き，顔面野，声帯と伝わって音声として出る．

ここまで来るとさまざまな言語現象の場面について，説明が可能になる．文字を朗読する場合を考えてみよう（**図3-20（c）**）．最初の部分は，**図3-18（c）**の読書と一緒である．これからさらに，音声として出さないといけないので，後半部は，**図3-20（b）**と同じ，弓状束，ウエルニッケの領野，顔面野，声帯，音声の表出になる．前半の言語理解と後半の言語表出が結びつかないといけない（**図3-20（c）**）．

このように，複雑なヒトの言語現象も，言語理解のウエルニッケの領野と，言語表出のブロカの領野を中心にして回っていることがわかる．このウエルニッケの考えは，さらに特殊な失語症によって実証されることになる．

ウエルニッケの仮説は，さまざまな失語症の実例により実証された

仮説が実証された失語症の実例1は，弓状束の役割を示すものである．これは，脳腫瘍摘出などによって弓状束が切断され両言語野が切り離された場合である．この場合は，内容のないでたらめなことを流ちょうに話すようになり，言語理解は可能だが，復唱ができなくなる．

この場合をもう少し考えてみると，ウエルニッケの領野は正常なので音声を聞いて理解はできる．またブロカの領野と顔面野は正常なので，流ちょうな音声は出る．しかし，言語理解と言語表出は分かれているので，復唱はまったくできない．他人と会話することもできないことになる[*13]．これらの症状はすべて，ウエルニッケの仮説と一致する．これを**伝導失語**という．

2番目の実例は，自然科学では非常に珍しく1例報告である．炭酸ガス中毒で植物状態[*14]になって，9年後に亡くなったある女性の話である．彼女は，自分から一度も話をすることもなく（言語表出の欠失），医師がベッドサイドで言葉をかけても，それに反応することもなかった（言語理解の欠失）．しかし，驚いたことに，"Roses are red." と声を掛けたときに，彼女は，"Roses are red." とおうむ返しにしただけではなく，"Roses are red, violets are blue, sugar is sweet and so are you." と句を付け加えることもできたのである．

これは，一見，ウエルニッケの仮説を否定する事例に見える．仮説では，復唱をするためには，両言語野を始め言語現象に主要な成分がほとんど必要である．彼女の死後，脳を解剖して調べたところ（古い損傷部位は死後も判別できる），大脳皮質の大部分が壊死しているにもかかわらず，言語野内部の線維結合は健全だったのである．しかし，この線維結合によって言語に関する神経情報の伝達は行われても，周囲の大脳皮質を興奮させて，さまざま

*12）視覚野につらなる領域に視覚連合野がある．映像を見てこれを言葉と結びつける前には，視覚的な情報から特徴抽出をしなければならない．これを行うのが視覚連合野である．

赤や，白や，黄色のしかも長いのや短くなった複数のチョークに色長さの似たプラスチック・サインペンのふたを1つ入れて，「この中にひとつ違うものがあるけど，それは無視して，これなーに」と聞かれたとき「チョーク」と答えるとき，ヒトは視覚連合野で視覚情報の特徴抽出を行う．

*13）参考図書として東田直樹著『自閉症の僕が跳びはねる理由』，エスコアール出版部，2007年を紹介する．

自閉症の東田君は，本の中で，このように述べている．「僕は，今でも，人と会話ができません．声を出して本を読んだり，歌ったりはできるのですが，ヒトと話をしようとすると言葉が消えてしまうのです．必死の思いで，1〜2単語は口に出せることもありますが，その言葉さえも，自分の思いとは逆の意味の場合も多いのです．」

「話したいことは話せず，関係のない言葉は，どんどん勝手に口から出てしまうからです．僕はそれが辛くて悲しくて，みんなが簡単に話しているのがうらやましくてしかたありませんでした．」

東田君は言葉は喋れないが，筆談を中心にした訓練で本が書けるようになった．それで彼の心を表現して多くの人々に感動を与え，ベストセラーになっている．

彼の場合は，最近の脳の調査で，両言語野の連絡が上手くいっていないのではないかといわれている．確かに弓状束が切断された失語症の実例1と似ている部分が多い．

*14）植物状態については4-3-2 脳死の生物学参照．

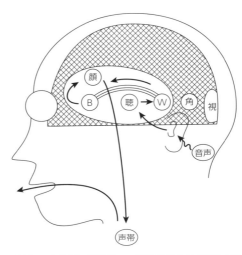

図 3-21　失語症の実例 2　言語野の孤立化．一酸化炭素中毒で植物人間になってしまった女性の例である．言葉も喋れず，言葉を理解もできないにも関わらず，復唱ができた，一見ウエルニッケの仮説を否定すると思われた実例である．死後，脳を調べてみると，復唱に必要な言語野の回路はすべて健全に残っていたが，他の大脳皮質の部分（斜線部分）がすべて死んでいたのである．そのため言語野は完全に孤立化した状態になっていた（B：ブロカの領野，W：ウエルニッケの領野，顔：顔面野，聴：聴覚野，視：視覚野，角：角回）．

な思考などの精神機能を引き起こすことはなかったのである．他の部分の完全な死滅によってこの線維結合のみ孤立していて，一切の感情・思考などの精神機能を引き起こすことはなかったのである．また，句も付け加えることができたのは，ブロカの領野に貯えられている十分に学習された言葉の連鎖が，最初の言葉が引き金になって，続けて音声として出たのであろう．もちろん，この女性は，「砂糖は甘くあなたもね」と音声を発しながら，まったく感情はないと思われる．これを**言語野の孤立化**とよばれるが，逆転的に，ウエルニッケの仮説を実証した症例となった（図 3-21）．

　実例 3 は，前述の角回の役割を示すものである．角回のみが損傷を受けると，**失書失読の失語症**になる．聞き・喋る音声を中心にした言語現象はまったく問題ないのに，読む・書く文字を中心にした機能はまったく失われるのである．このことは，角回が聴覚情報と視覚情報の転換に働いていると同時に，言語理解の中枢が聴覚的情報でないといけないことを示している（図 3-19）．

　ヒトは歴史的にまず音声によるコミュニケーションを獲得し，その後で文字を発達させたと思われる（ヒトの子供の発育を見ても，そのことはよくわかる）．そのときに，同じ領域を利用して言語理解をするために，もともと使っていた聴覚的情報が必要で，角回が視覚情報を聴覚情報に変えるという機能を担ったと考えるとわかりやすい．

言語野は左半球のみに存在する：大脳半球優位性

　実例 4 は，1892 年にデジュリーノによって報告された珍しい症例（これも 1 例報告）で，正常な視力があり，文字を書き写すことができるのに，それを読むことができなくなる症例である．この症例の理解には，新しい追

加的な情報が必要となる．それは，ヒトの脳は左右2つの領域に分かれていて，両者で能力が異なることである．今まで述べてきた2つの言語野に関していうと，それは左半球のみに局在していて，右半球にはないのである[*15]．言語現象に関していうと左半球が優位脳で，右半球が劣位脳である．このような両半球の機能分化を**大脳半球優位性**という（図3-22）．

通常，左右の半球は異なるのに，そのことを認識することはない．それは，左右をつなぐ広範囲の太い神経連絡，脳梁があるからである（図3-23の中央部分にその切断された部分が見える）．

健常者の場合，右の視野から左半球に入った文字の視覚情報は，左半球のウエルニッケの領野で適切に処理される．しかし，左の視野から右半球に入ってきた文字の視覚情報は，右半球には言語野がないので，左半球に転移しないと処理されない．それで，脳梁の中でうしろ側にある脳梁膨大を通って，右半球の視覚連合野から左半球の視覚連合野に伝えられ，それで，左半球の言語野に行って理解されることになる（図3-22（a））．

この患者の場合，脳血管障害で，左半球の視覚野と脳梁膨大が損傷を受けていた．そのため，右の視野からの文字は見えない．しかし左の視野からの文字は，右半球の視覚野が適切に受け取る．この場合，両眼の眼球は激しく自由に動いているので，物を見ることに関して問題は無い（詳しい視野検査を行うと，視野の右半分が見えていないことがわかるが）．しかし，この患者は脳梁膨大も損傷を受けているので，左半球の言語野に届かない．すなわち，文字は見えていても不明の記号の羅列になっているのである（図3-22（b））．

[*15] 通常では，右半球の損傷では失語症にならず，左半球の損傷で失語症になることから，このことが考えられた．しかし，サウスポーのヒトの中には，右半球の方にも少しその機能があるようである．この場合，左半球の損傷によっても言語機能が回復する例がある．

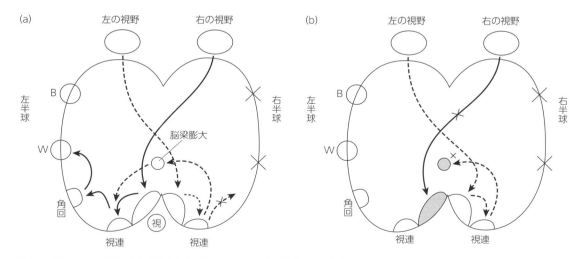

図3-22 大脳半球優位性．（a）健全なヒトの場合，言語野は左半球のみに存在していても，問題は生じない．左の視野から右半球に入ってきた文字情報も，脳梁膨大を通って左半球に移り，左半球のウエルニッケの領野で理解するのに何ら問題は無い．（b）ディジュリーヌによって報告された，文字を書き写すことはできるのに，文字を読めなくなった失語症の実例の脳の損傷部位を現している．この場合は，左半球の視覚野と脳梁膨大が損傷を受けていた．そのため，左半球に入ってきた文字は見えないが，右半球に入ってきた文字は見える．しかし，それが脳梁膨大の損傷なため左半球の言語野の方に移っていけない．そのため，文字は見えていても，意味のない記号のままでとどまっている．Bはブロカ，Wはウエルニッケの領野，視連は視覚連合野をさす．（b）の色のついている部分は破損部位を示す．

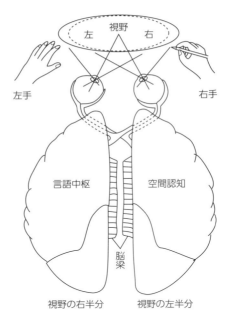

図 3-23 脳梁の切断による両半球の分離．テンカンの患者に，両半球をつなぐぼう大な繊維連絡，脳梁を切断する手術を施した時期がある．この図では，脳梁の部分が中央で切断されている状態を示している．同時に，両半球の機能の違いの主なものを文字で示している．

脳梁が切断された分離脳の患者の言語現象の研究で左右半球の違いがわかる

　実例5は，大脳半球優位性のことを顕著に示す実例である．以前は，テンカン[*16)]の治療として脳梁を切断する手術が行われていた．それによって脳の発作の嵐が脳全体に広がるのが抑えられ，患者の生活も比較的問題がないように思えた．しかし，詳しい研究によって深い問題も明らかになってきた．

　脳梁切断の手術を受けた方の脳を**分離脳**とよぶ（図 3-23）．

　図 3-24（a）は，分離脳の患者の失語症，実例5である．光刺激の瞬間露出器を使って，右の視野から左半球に文字情報を入れた場合には，患者はそれが読める．しかし，左の視野から右半球に文字情報を入れた場合には，それはみえるが読めないのである．分離脳の患者は，左右の脳が分離しているのがわかる．

　スペリー[*17)]は，分離脳の患者さんを使って，詳細な実験を行って，大脳半球優位性についての概念を打ち立てた．図 3-24（b）が代表的な実験の1つである．カリフォルニアの主婦（分離脳の患者）の右視野に瞬時カップを見せて，左半球にカップの情報を入れる．「何を見ましたか？」との質問に「カップです．」と答えた．次に左の視野にスプーンを見せて，右半球にスプーンの像の情報を入れてみる．「何を見ましたか？」「何も見ていません．」

　そこで，今見た物を触覚で探してもらう．小物が目で見えない形で置いてあって，手を差し込んで探すことができるになっている装置だ．そうすると

[*16)] テンカンは，昔は急に泡を吹いて町で倒れる人たちがいて，皆で助けてあげたりして，よく知られた病気だった．脳の異常な興奮発作・けいれんが起こる疾病で，この発作が繰り返し発生するものである．今日では，薬剤による治療などであまり見かけない．しかし患者さんはいつも心配をかかえており気の毒である．

[*17)] R.W. スペリー．1981年に「大脳半球の機能分化に関する研究」でノーベル賞生理学・医学賞受賞．視覚の形態視に関する網膜とその中枢である視蓋との関係の網膜視蓋投射の有名な仕事もスペリーの仕事である．生物学者でも両者が同一人物であることを知らない人が多く，ノーベル賞の報道があった時に「どちらのスペリー？」と聞いた米国人が多かったと話題になっていた．

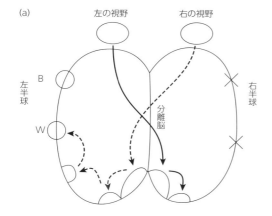

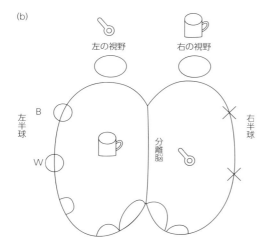

図 3-24 分離脳の両半球の働きの相違. (a) 分離脳の患者では，左半球に入ってきた文字は読めるが，右半球に入ってきた文字は読めない．(b) 分離脳の患者を使った左右半球の機能の違いを表す．左半球に入ってきた物品の名前を答えるのは問題がないが，右半球に入ってきた物品の名前を言うことはできない．しかし，その情報は右半球でしっかり処理している．ただ，言葉で説明できないだけである．

彼女は間違いなくスプーンを掴むことができる．「今掴んだのは何ですか？」「鉛筆です.」と間違ったことを答える．次に，ヌード写真の情報を同じように右半球に入れてみる．そうすると彼女は赤面してくすくす笑い出します．「何を見ましたか？」「何も見ていません，フラッシュだけです.」「それではなぜ，くすくす笑っているのですか？」「まあ先生，先生は変な機械をお持ちなのね！」と答えたという．

　分離脳の彼女は右半球にスプーンの像が入ってきたときには，名前を言えなかった．しかし，視覚情報は処理していた．触覚を使って間違いなくそれを選ぶことができたし，ヌード写真に対しては明らかな反応が見えた．しかし，分離された右半球は言葉が喋れないので，言葉を使ったコミュニケー

ションはできなかった．これを研究した，スペリーは，「各半球は，それ自身の個人的な感覚，知覚，思い，考えをもつ．それらはすべて反対側の半球における諸経験からは切り離されている．左右の半球は各々それ自身だけの記憶のつながりと学習経験を持ち，それらは他方の半球には得ることができないし，呼び出すこともできない．多くの点で，分離された半球は別々の，切り離された「それ自身の心」をもつようだ．」と述べている．

分離脳の研究によると，一般に左半球は言語現象を担い，右半球は空間的な視覚情報処理に熟練している．情報処理の仕方も左半球は分析的，順序だった処理，右半球は同時に全体的な処理と違いがあるようだ．

3-4　ヒトの睡眠と夢

ヒトは毎日睡眠といわれる現象に6，7時間程度費やしている[*18]．このときに，脳の中で何が起こっているのであろう．以前は，睡眠は，脳がただ休んでいると思われていが，実際はそうではなく，睡眠中の脳は覚醒時と対比される状態であることが判明した．睡眠は複数の睡眠段階に分かれていて，さまざまに覚醒状態とは異なる働きをしているのである．

脳と睡眠のメカニズムが解明されてくると，睡眠時無呼吸症のような睡眠障害の存在についても明らかになり，睡眠の質の向上についても興味が高まっている．また，特定の睡眠段階で起こる夢という現象は，何であろうか．夢は，目を使わない，視覚中枢の興奮である．夢を見ているときは，目とは違う脳特定の部位（脳幹の橋）から，神経興奮が視覚の中枢（センター）に興奮が伝わって，そのために像が見えるのである．この現象を考えると，感覚についての深い理解を得ることができる．感覚は電気的な神経興奮によって脳が独自につくり出している世界である．

動物の睡眠について見てみよう

ヒトの睡眠について考える前に，動物たちの睡眠について考えてみよう．彼らは，私たちと同じ睡眠をしているのか（**表3-3**）．睡眠の特徴の1つに長い不活動期がある，これについてみると霊長類（ヒト・サル）から昆虫まですべてにみられるようだ．ヒトの場合，睡眠と覚醒のリズムは概日リズム（サーカディアン・リズム）と同期している．

私たちの身体は約一日のリズムで動いている．これには，2つの仕組みが

[*18]　わが国の人々は睡眠時間が短いのが問題になっている．特に若い人たちの睡眠時間の短さ，深夜までの非睡眠は，国際的にも際立っている．睡眠にはさまざまな生理機能が知られるようになってきている．早寝早起きは必須の生活習慣である．大学入試受験生についてもしかりである．

表3-3　睡眠の特徴と各種動物の睡眠. さまざまな動物の睡眠の可能性について各項目について考察している（＋はあてはまる場合を示す）．上の4項目については，すべての動物にあてはまるが，下の脳波観察からみられる重要な睡眠の2項目については，特定の動物群に限られる．この節での睡眠の記述は，霊長類を含む哺乳類のみにあてはまる事項である．

	霊長類	哺乳類	鳥類	爬虫類	両生類	魚類	軟体動物	昆虫
長い不活動期	＋	＋	＋	＋	＋	＋	＋	＋
サーカディアン・リズム	＋	＋	＋	＋	＋	＋	＋	＋
閾値上昇	＋	＋	＋	＋	＋	＋	＋	＋
特有な眠り姿勢	＋	＋	＋	＋	＋	＋	＋	＋
高振幅徐波	＋	＋	＋	－	－	－	－	－
レム睡眠	＋	＋	＋	－	－	－	－	－

あって，1つは体内に備わっている自律的に動く体内時計である．これは，24時間きっちりにセットされていなくて24時間より少し長い方に設定されている．これは環境に関係なく自律的に動くため海外旅行時に悩まされる時差の原因になるものである．もう1つの仕組みが同調の仕組みである．私たちの時計は，環境因子に同調する仕組みもある．この同調因子はヒトでは光で，季節によって変動がありながらも毎年約24時間で推移する光の変化に，体内時計をリセットする仕組みである．これによって，私たちは，年中，約24時間のバイオリズムで動いている[*19]．この概日リズムに不活動期が同調しているのかとの問いが表3-3の上から2番目の項目である．すべての動物群がそうである．

　そのときに閾値上昇がみられるか．閾値とは生物反応を引き起こす最少の刺激の強さである．これが高いことは低感度で，閾値上昇とは刺激に対して鈍くなっていることである．これもすべての動物で，そうである．特有の眠り姿勢についても同様である．ここまで来ると魚やカエルやタコやハエもみんなヒトと同じ睡眠をしているのかなと疑問になる．

　しかし，そうではないようである．**表3-3**の一番下の2つの項目（この節で説明する2つの睡眠）については，霊長類，哺乳類，鳥類のみでみられる．つまりたぶん，爬虫類（トカゲ）・両生類（カエル）・魚類（サカナ）や無脊椎動物は違うようである．ここでは，ヒトの睡眠について解説するが，この解説はネコ，イヌ，ウマなどには同じようにあてはまる話である．

睡眠は脳波（脳電図）を使うことによって自然科学的な研究対象になった

　前節の言語現象の話題とは対照的に睡眠の研究は非常に新しい研究分野である．1929年にハンス・バーガーが**脳波**という技術を報告して，その技術の脳研究における有用性の認識が深まって，ようやく睡眠研究に使われるようになってからである．睡眠は20世紀の後半から生命科学の土俵で研究が始まったと思っても良いくらい新しい研究分野である．

　脳波とは，正確には**脳電図**である．心電図，筋電図などと同様に細胞外記録で，記録電極を体表に張り付けて外側から電気信号を拾うので，被験者にとっては痛みの無いやさしい記録法である（**図3-25**）．神経細胞に直接電極を挿入すると，100 mV程度の大きな電位変化が記録される（2-3 神経系を参照）が，脳波では外から測定するので，減衰して，100 μV位の電位変化しか記録できない．しかし，この程度の変化でもアンプ（増幅器）を使っての記録で問題ない．

　それよりも足がかゆいのに靴の外から掻くような，また，脳は各局所部位が興奮するのに，十把一絡げにして意味のある記録ができるかである．それについては，十分に役立つことが判明している．それは，ヒトがさまざまな状況に置かれたとき，すべてのヒトに共通の状況に応じた脳波が出現するからである．

　ヒトが目を閉じてゆっくりしているとき（特に座禅を組んでいるとき）には，アルファ（α）波が見え，覚醒して目を開いているときは，ベータ（β）波とよばれる小さな脳波が見え，睡眠で一番深く眠っているときにはデルタ（δ）波が見えるのである（**図3-26（a）**）．

[*19] コンピュータ・プログラマーの職の人たちで，昼夜関係なく明るい光の中で生活をしていると，概日リズムが狂って，良い睡眠が取れなくなる．このような患者に施される有効な治療は，毎朝目に光照射をする治療である．これによってリズムがもどり，睡眠障害も治癒する．

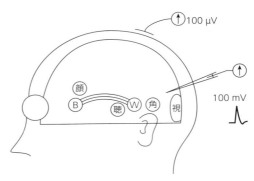

図 3-25 脳波（脳電図）測定. 脳波（脳電図, electro-encephalogram：EEG）は，電気信号を細胞の中に電極を差し込んで調べるのではなく，体表に電極を貼り付けて測定する細胞外記録なので，被験者を傷つけたり，睡眠を妨げたりすることなく，測定できる．通常は，脳波記録電極と同時に，眼球運動記録電極・筋電図記録電極なども同時に使用する．脳波の場合，細胞内記録よりの 1,000 倍も小さい電気変化であるが，工学的に十分解析できる電位変化である．（B：ブロカの領野，W：ウエルニッケの領野，顔：顔面野，聴：聴覚野，視：視覚野，角：角回）

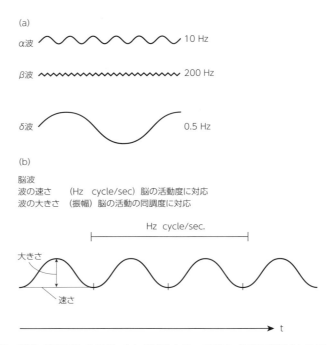

図 3-26 脳波（脳電図）の解析. （a）代表的な 3 つの脳波．閉眼安静時のアルファ（α）波，開眼緊張時のベータ（β）波，深睡眠時のデルタ（δ）波が示されている．（b）脳波の 2 つのパラメータ（変数）．脳波は重要な 2 つのパラメータを含んでいて，それは，波の速さ（ヘルツ，Hz, cycle/sec）と振幅である．波の速さが早いほど脳は高い活動度を示し，振幅が大きいほど脳の活動の程度はそろっている．

さらにこの脳波の意味をさらにネコなどを使って[20]，詳細に調べると脳波には2つの重要なパラメータ（変数）が存在することがわかった．それは，波の速さと振幅である（**図3-26（b）**）．波の速さは，単位時間あたり何回の波が来るかの変数で，通常は1秒間に何サイクル来るか，すなわちヘルツ（Hz：cycle/sec）という単位で表せられるものである．アルファ波は約10 Hz，ベータ波は約200 Hz，デルタ波は0.5 Hzである．この数値が多いほど波の速さが速いことになり，これは，脳の活動度を示す．振幅は波の高さで，デルタ波が大きく，ベータ波が小さく，これは，脳の活動がどの程度そろっているかの指標になる．だから，デルタ波は脳がそろって活動が低下していることを，ベータ波は脳の活動が高く，その活動も高い所，低い所があって，そろっていないことを示す．アルファ波はその中間である．

睡眠には複数の睡眠段階があり，一晩にこれを順序良く繰り返している

この脳波を使って一晩の脳の様子をみると，睡眠についてのさまざまな情報がみえてきた．そのときに，同時に眼球運動と筋電図も一緒に測定する．私たちは覚醒開眼時には，眼球を盛んに動かしているが，睡眠時にも特徴的な目の動きがみられる．また，睡眠中には特別なときに筋緊張が急に減少する．それらのために，脳波，眼球運動，筋電図を同時に測定（ポリグラフィー）する．

そうすると，睡眠には複数の異なる睡眠段階が存在し，それが一晩のうちに繰り返し進行することが明らかになった（**表3-4，図3-27（a）**）．覚醒時から睡眠時への移行期では，ゆっくりした眼球の水平運動が起こる．睡眠第1段階の浅眠期，第2段階の軽睡眠期を経て，いよいよ深い眠りに入る．第3段階，第4段階ではデルタ波がそれぞれ脳波の20〜50%，50%以上を占めるようになり，波形からも脳全体がそろって不活動の状態に入る．その後で突然，レム段階が現れる．レムとは，rapid eye movement（高速眼球運動）の略記REMのことで，激しい眼球運動に特徴づけられる睡眠期である．

デルタ波は，高振幅のゆっくりした脳波なので，これを高振幅徐波，この波形に特徴づけられる睡眠のことを徐波睡眠とよぶ．同時に，第1段階か

[20] ネコはよく眠るので睡眠の研究によく使われる．特に，ヒトでは脳に電極を挿入したりの実験はできないので，そのような研究にはネコが使われている．

表3-4 各種の睡眠段階. 一晩の睡眠は複数の異なる段階を含んでいる．また，この段階は，一度の移行期の後，第1段階からレム段階までを1単位として，何サイクルか繰り返して，覚醒時にもどる．

睡眠段階	睡眠状態	脳波
覚醒時（覚醒・開眼時）		β波，低振幅高速波
安静時（覚醒・閉眼時）		α波
移行期（覚醒・睡眠移行期）	軽い眠気を覚える	ゆっくりした水平眼球運動
睡眠第1段階	浅眠期，ウトウトする	α波消失，θ波（4〜7Hz）
睡眠第2段階	軽睡眠期，軽い寝息をたてる	紡錘波（12〜14Hz）
睡眠第3段階	中等度睡眠期	δ波，高振幅徐波 20〜50%
睡眠第4段階	深睡眠期	δ波 50%以上 徐波睡眠
レム段階	レム（REM）睡眠	REM：rapid eye movement，高速眼球運動

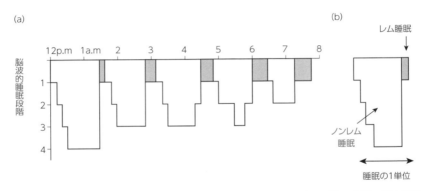

図 3-27　一晩の睡眠の推移. (a) 一晩の睡眠段階. 一晩の睡眠は, 覚醒→安静→移行期→（第 1 段階→第 2 段階→第 3 段階→第 4 段階→レム段階）→（同じサイクルを何度か）→覚醒, の形で進行する.（b）睡眠の単位. 第 1 段階から第 4 段階までのノンレム睡眠とその後に続くレム睡眠が睡眠の単位になっている. この 1 単位が約 90 分である. それを一晩のうちに何度か繰り返す.

ら第 4 段階までは, だんだん眠りが深くなってデルタ波が出てきて脳の休止状態になる睡眠といえる. これに対してレム睡眠は, 脳波でみると浅眠期のそれとよく似ていて, 変わった睡眠である. 以前は, これを逆説睡眠とか賦活睡眠とかいっていたこともあるが, 今日では, 睡眠は第 1 〜 4 段階のノンレム（nonREM）睡眠とレム（REM）睡眠に分けるのが一般的である.

そして, 図 3-27（a）にみられるように, 私たちはのんべんだらりと寝ているのではなく, 一晩のうちに, この睡眠段階を何度も繰り返しているのである. **ノンレム睡眠とそれに続くレム睡眠**が 1 つの単位（図 3-27（b））となって繰り返しているのである[21]. この 2 種の睡眠と繰り返しの出現は, 哺乳類と鳥類では同じようにみられて, それ以下の動物ではみられない. また, この 1 サイクルは, 動物のサイズが小さくなるほど時間は短縮するが, ヒトでは約 90 分で進行する[22].

変わった睡眠 REM 睡眠について

一見珍しい睡眠, レム睡眠については発見以来, 集中的に研究をされて, その特徴は表 3-5 のように整理されている. レム睡眠中は, 脳は意外と起きている, 激しい眼球運動がみられる, 睡眠中で最も筋肉に力が入らない状態になっている[23]. ノンレム睡眠の直後に必ずやってくる. 呼吸や心拍など自律機能の特徴的な変動が起こる[24]. 陰茎の勃起などもこのときに起こる[25]. このレム睡眠のときに夢をみている[26].

なぜ, ノンレム睡眠とレム睡眠という性質の異なる睡眠が存在するのであ

*21) 一晩のうちに, 第 1 段階→第 2 段階→第 3 段階→第 4 段階→レム段階のサイクルを数回繰り返しているのである. 特に最初のサイクルでは第 3, 4 段階が顕著で, 脳がよく休んでいると思われる. 一方, 明け方に向かって, レム睡眠が優勢になる.

*22) それで, 忙しいときには, 90 分サイクルで睡眠をとると, 何とかやれる. 1.5 時間, 3 時間, 4.5 時間の短時間の睡眠である. しかし, これは, どうしても忙しい場合の非常手段である.

*23) このときの筋緊張の低下には積極的な抑制が働いている. 怖い夢を見たときに体が動かない金縛りは, この筋緊張の低下と関連がある.

*24) 睡眠時に無呼吸になる睡眠時無呼吸症の場合は, この時期に起こる呼吸の抑制が過剰に起こることによる.

*25) 一晩にレム睡眠は 5, 6 回やって来るので, そのときに常に陰茎の勃起が起こっている. 朝は, レム睡眠で起床することが多いので, そのことがわかる. しかし, 睡眠中に何度も起きているのである.

*26) 最近まったく夢を見ないという人がいるが, これは, 陰茎の勃起の場合と同様, レム睡眠時に経験していて憶えていないだ

表 3-5　レム睡眠の特徴. レム睡眠は, ノンレム睡眠とはいろいろ異なる特徴をもつ. 6 つの主要な特徴を列記している.

---
1. 脳波段階は, 第 1 段階（浅眠期）に近い
2. レム（rapid eye movement, 高速眼球運動）
3. 筋緊張の低下（金縛り）
4. ノンレム後に出現
5. 自律機能の変動が起こる（睡眠時無呼吸症）, 陰茎の勃起
6. 夢を見ている

表 3-6　ノンレム睡眠とレム睡眠. ノンレム睡眠は脳の眠りでレム睡眠は身体の眠りと思われる. ノンレム睡眠は, 大脳の発達にともなって増える.

2種の睡眠（ノンレムとレム）の役割：なぜ2つの異なる睡眠があるのか		
ノンレム：脳の眠り　レム：身体の眠り		
	ノンレム	レム
胎児	25%	75%
出生	50%	50%
3才	80%	20%
ノンレム：大脳の発達に平行, デルタ波（δ波, 徐波睡眠）		
レム：筋緊張の低下		

けである. レム睡眠は明け方が優勢であるので, その時の夢の記憶は, 残ることが多い. また, 特に怖い夢などを見て印象が強い場合は記憶として残る.

ろうか. 色々な情報を考えるとこれについての可能性の高い予想ができる. 個人の発生過程の睡眠の推移をみると, ノンレム睡眠は大脳の発達に同期して増えている（**表 3-6**）. そしてその脳波はデルタ波で脳全体がそろって活動が低下している. すなわちノンレム睡眠は脳の眠りである.

　それに対して, レム睡眠では脳波でみる限り, 浅眠期のそれで, 脳はそんなに眠っていない. そして, 筋肉が緩んでいて, 自律機能も呼吸や心拍は低下している. これは, 身体の眠りではないかと考えられる. しかし, この身体の眠り説については, もっと多くの証拠が必要かもしれない.

記憶の機能を担う重要な部位は海馬と側頭葉で辺縁系にある

　睡眠の話を進める前に, その理解に必要な事項について, 1, 2 説明する. まず, 記憶についての知識を簡単に説明しておく. 工学の分野では, 各種情報を記録して保存し必要なときに適時再生する事項に関しては, 理解も利用も進んでいる. 音楽のレコード, テープ, DVD, あるいはコンピュータではまさにこれを日常的に行っている. ハードディスク, USB メモリー, など記憶装置も各種ある.

　それでは, ヒトの場合はどうであろうか. ヒトの記憶は, 記銘・保持・想起（再生）・再認よりなる. まずさまざまな視覚的・聴覚的などの感覚入力が脳に入ってきて, それが脳の回路の中で電気信号として回って, **短期記憶**となる（記銘）. それが, 電気信号とは無関係の長期の記憶保存（**長期記憶**）となる（保持）. それが必要なときには, 再び電気信号となって再生される（想起・再認）.

　これらの記憶の大切な機能は辺縁系が担っている. 特に重要な部位は, **海馬と側頭葉**である. 海馬は短期記憶から長期記憶への転換, **記憶の固定化**に関与する. ここが損傷を受けると, **健忘症**になる. 健忘症は, 昔の記憶は大丈夫であるが, 新しい体験が記憶として固定化しなくなる.「奥様, 今日の昼ごはんはどうしたの？　まだできていないの？」「あらあなた, 先ほどカレーライスを食べられたばかりですよ.」という状況になる. また, 側頭葉は, 長期記憶の再生に関与する. ペンフィールドが脳地図を作製するために, 脳手術をする患者さんに承認を得て行った実験で, 刺激をすると走馬灯のように記憶がもどってきたその部分である.

しかし，長期記憶の本体，再生の仕組みなどについては，分子レベル・細胞レベルの研究は活発に行われているが，まだ，簡単な言葉で説明できるほどではない．しかし，記憶などは神経細胞のつなぎ目，シナプスでの伝達効率の変化・シナプス結合の長期的な変化が事象の中心と考えられている．特に，哺乳類の記憶に関しては，海馬でのシナプスの伝達の長時間にわたる効率化が記憶の仕組みを示すとして集中的に研究されている．この現象を，**長期増強**（LTP：long-term potentiation）とよぶ．

覚醒と睡眠の発現は脳幹が担う

まず，ヒトが起床すると脳は覚醒状態になる．それは当たり前のことのように思えるが，そのための生理機構が存在し，それに問題が生じると覚醒状態も保てない．この仕組みの中枢は**中脳・橋・延髄**よりなる脳幹である．脳幹の**上行性網様体賦活系**とよばれる部位である（**図3-28（a）**）．網様体とは神経網が密に存在している所で，そこから，大脳皮質全体に非常に強い興奮が広がっていて，これで，覚醒状態が保たれている．

睡眠の中枢も脳幹である．橋には，青斑核（せいはんかく）とよぶ主要な部位があり，ここがレム睡眠中の筋緊張の抑制（筋肉に力が入らない状態）を担っている．

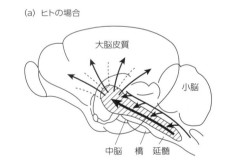

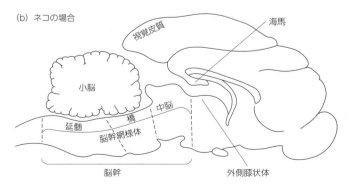

図3-28　脳幹の働き．（a）覚醒状態を維持する脳幹の上行性網様体賦活系の働きの模式図．脳幹は中脳・橋・延髄よりなり，網様体（斜線部分）はその中で特に神経網が密に発達している領域である．（b）ネコの場合の上記の脳の領域を示している．

夢はレム睡眠の脳の状態を反映している

次にレム睡眠時に体験する夢について考えてみよう．実は，レム睡眠時の脳の状態を考えると，夢というものがどういうものかよく理解できる．私たちが日常的に体験する夢の心理学的な特徴を考えてみよう．それは，内容が完全な覚醒時とは異なり通常ではありえないことも起こる曖昧な世界である．そして，過去の記憶素材がたくさん出現する映像体験である．

このことは，まさにレム睡眠の脳の状況を示している（**図 3-29**）．まず，1. レム睡眠の脳は現実世界と時間的に不連続である．覚醒時とレム睡眠の間には，必ず脳の眠りであるノンレム睡眠が存在する．だから，レム睡眠の脳は，覚醒時の現実世界と脳の眠りによって時間的に続いていない．2. その不連続性が，空間的にもそうである．私たちは，脳に入ってくるたくさんの感覚入力によって，現実世界と結びついている．ところが，レム睡眠の脳は，そのような感覚入力が欠如していて，脳は真空状態にある．目からの視覚的な入力は，目の絞りが閉じていることや視覚情報の伝達の抑制などから，レム睡眠中には視覚入力はゼロである．聴覚入力も耳小骨の筋肉の筋緊張の抑制のため鼓膜をきちんと緊張させることができず，聴覚入力もない．体全体の筋肉の力は抜けているので，筋肉からの情報もない．ありとあらゆる感覚入力から遮断されているのである．3. このように，レム睡眠の脳は，覚醒時の世界から時間的にも空間的にも孤立しているが，脳自体は比較的それなりに起きていて，辺縁系の特に側頭葉が勝手に興奮している．すなわち，脳の状態は，覚醒状態ではなく，あいまいな状態ではあるが，記憶素材は豊富な状態である．4. レム睡眠時に，激しい眼球運動が現れるが，それに同期して，脳幹の橋（P）から，外側膝状体（G）を経て視覚中枢（O）へ電気興奮が走る．これを PGO 波という．これによって視覚中枢が興奮することになる（**図 3-30**）．

通常の視覚では，目から光が入って（この場合も高速眼球運動がみられる），視神経を通って，外側膝状体を中継して，視覚野に行って物を見る．

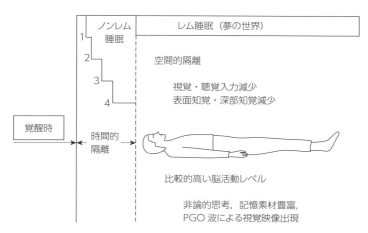

図 3-29　レム睡眠と夢．レム睡眠時に夢が出現する仕組みの模式図である．覚醒時の現実世界からの時間的隔離，空間的隔離，比較的高い脳活動レベルなどの要因が夢の出現に関与する．

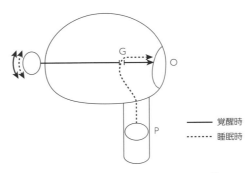

図 3-30　夢における PGO 波．通常の視覚の場合は，眼球運動が起こって，神経興奮が視神経，外側膝状体を経て視覚野に届き物が見える（実線）．夢の場合は，同様に眼球運動は起こるが，目ではなく脳幹の橋から神経興奮が外側膝状体を経て視覚野に届き，映像が見える（破線）．この橋－外側膝状体－視覚野にいたる神経興奮を PGO 波という．P は橋を，G は外則膝状体を，O は視覚中枢を示す．

しかし，夢の場合には，目は使わないで，橋から神経興奮が外側膝状体を経て，視覚野を興奮させて物を見ることになる．夢の様子を**図 3-29** に模式的に示している．

動物たちもレム睡眠期に夢をみている

それでは，イヌやネコなどの哺乳類は夢をみているのであろうか．彼らもヒトと同じようにノンレム睡眠とレム睡眠のサイクルを示し，レム睡眠時に夢という映像体験をしているようである[*27)]．例えば，サルについては，スクリーンに映像が現れるとレバーを押すと餌が出る装置を使って，レバー押し学習をさせる．その装置で眠っている状態で，サルはノンレム睡眠のときには，何もしないが，レム睡眠になると盛んにレバー押しを行う．サルもレム睡眠時に映像体験をしているのである[*27)]．

ネコについては，橋の青斑核の破壊実験がある．青斑核を一部破壊すると，ノンレム・レムのサイクルは正常に保ったまま，レム段階での筋緊張の抑制が解けるネコを作製できる．このようなネコは，ノンレムのときはおとなしくしているが，レム段階になると，盛んにネズミを追いかけたり，色々な映像に反応するような動きがみられる．これからも猫もレム睡眠時には映像体験を，すなわち夢をみていると思われる．

睡眠は記憶と関係がある

前述で，夢はどういう出来事であるかを説明した．しかし，やはりわかったような気がしないのは，「それでは，なんで夢をみるの．夢の内容は何を示しているの．」ということがわからないからである．19 世紀の心理学者フロイトは，夢の心理学研究を行い，夢判断などの興味ある著作をたくさん残したが，自然科学のレベルでの検証は行われていない．しかし，1 つだが睡眠と夢に関して，動物実験では，有力な実験と考察が現れている．それは，睡眠時に記憶の整理が行われるとの考えである．その概要が**図 3-31** に示されている．

動物については，ノンレムとレムの繰り返しが，弱い記憶を消去し，強い

---

*27) 睡眠中のできごとでヒトについて説明したことは，哺乳類でもすべて同様のことが起こっている．レム睡眠中の筋緊張の抑制も同様である．ただ，このサルの実験では，レム睡眠中でもレバー押し程度はできるようである．

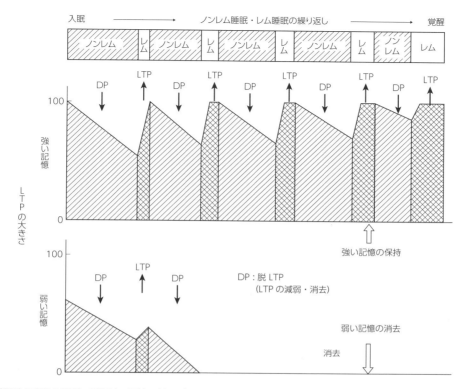

図 3-31 睡眠時の記憶の整理. 睡眠時に記憶の整理が行われることを示す動物実験である．マウスの海馬での長期増強（LTP）の測定から考えた模式図である．長期増強はノンレム睡眠で弱まり，レム睡眠で強まる．その結果，ノンレム，レムの繰り返しで，弱い記憶は消え，強い記憶は残ると思われる．

記憶を保持すること，すなわち，記憶の整理に役立っていることが実験的に示されている．海馬の LTP（長期増強）について測定すると，ノンレムで弱まり，レムで強まり，その結果として弱い記憶は消えて，強い記憶は残るのである．これが，レム睡眠に夢をみる意味であると動物については考えられている．しかし，ヒトの夢の内容の意味については，依然として釈然としない．

動物の面白い睡眠の話として，イルカの睡眠がある．イルカは，眠っているときには片方の脳のみを交互にねむらせている．目も片方だけ閉じているとか．それは，両方同時に眠ると溺れてしまうからとか．そうするとクジラもそうかと思い，調べると，そのような観察はある．それなら，この忙しい時代，ヒトもそのようにできないかと思うが，ヒトの場合は大脳半球優位性のため，右半球のみ起きていても言葉がつかえなくてダメのようだ[*28)]．

睡眠にはさまざまな機能が考えられる

睡眠について特によくわからないのが，なぜ睡眠が生命の維持にとって必須であるかである．動物に断眠実験を行うと，断食実験よりもっと深刻な影響が出て死亡にいたる．この点については，明確な説明を持ち合わせていないが，睡眠と寿命に関しては興味ある観察がある．トガリネズミとコウモリは，サイズ，体重，心拍のリズムなどよく似た小型動物である．しかし，寿

*28) 学生から，「マグロは休みなく泳ぎ続けているけど睡眠はどうなのですか」との質問を受けて調べてみると，マグロはエラが硬くて自由に動かせないので，泳ぎ続けないとエラに水が入ってこないので，泳ぎ続けないとならないとある．それではマグロの睡眠はとの疑問になるが，魚類ではノンレム睡眠もレム睡眠もみられず，哺乳類以外の睡眠についてはよくわからない．

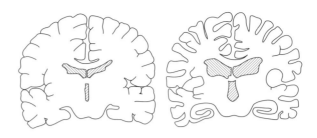

健康な脳　　　　　　アルツハイマー病の脳

図 3-32　認知症，アルツハイマー病の脳． 認知症の代表的なアルツハイマー病と健康人の脳の比較をみると，アルツハイマー病では，極端な脳の委縮がみられる．海馬が極端に委縮し，脳室が広がり，大脳皮質は全体にわたり委縮している．

命が 2 年と 18 年というように非常に違うのである．

　寿命に関しては，「ゾウの心拍はゆっくりで，ネズミの心拍は速い．ゾウの寿命はネズミの寿命よりずっと長い．しかし，両者とも総心拍数は変わらない．」といわれている[*29)]．それからすると，トガリネズミとコウモリの寿命の長さの大きな違いは理解しにくい．しかし，いろいろ調べてみると睡眠時間に著しい差があるのである．コウモリは，約 12 時間に対して，トガリネズミは多く見積もっても 1 時間以内である．睡眠は寿命と関係がありそうである．

　認知症（痴呆）は，私たちにとってとても深刻な問題である．失語症などでは言語現象の一部の機能が欠落してしまうのに対して，認知症では脳の全体にわたる神経細胞死・極度の委縮が起こって（**図 3-32**），脳の基本的な認知の能力などが最低限以下に低下して，人格の崩壊なども起こってしまうのである．代表的な認知症であるアルツハイマー病では，アミロイドβタンパク質の細胞外での沈着が起こって老人斑となり，これが大量の神経細胞死などを引き起こすのである．

　しかし，マウスの実験では，この沈着が睡眠中には減少し，起床中に蓄積することがわかってきた．睡眠時間の短いマウスはアミロイドタンパク質の蓄積が進行し，不眠薬で睡眠を改善すると蓄積も減少した．さらに睡眠中に，脳内の脳脊髄液の洗浄が起こることも判明している．まだ知られていないことも多いと思われるが，睡眠の機能についてのリストは増加中である．

3-5　ヒトの向精神薬と脳

　ヒトについて考える 1 つの材料として，脳科学の最前線の 1 つについて解説しよう．それは，**向精神薬**の作用が明らかになるにつれて，理解が深まることになった事項である．近年，競争のストレス社会の進行によって，うつ病などの精神疾患が問題になっている．最近では，これらの精神疾患の治療にもっぱら，向精神薬が使われている．向精神薬とは，直接脳に働いて精神機能を変化させる薬物で，1 つは，うつ病を治す抗うつ剤や精神安定剤などの精神病を治す薬，**精神治療薬**である．もう 1 つは，催幻覚剤や催多幸剤[*30)]などの**精神変容薬**である（**図 3-33**）．各種覚せい剤やマリファナなど

[*29)] 『ゾウの時間，ネズミの時間：サイズの生物学』（本川達雄著，中公新書，1992 年）にこの点がわかりやすく，よく解説されている．

[*30)] 宮崎県の旅館のオーナーの失踪事件で，この薬物の存在を人々が知ることになる．オウム真理教はお布施のトラブルでこの被害者をサティアンに監禁していたのであるが，心配している地元に被害者のテープが届いた．そこには，「みんな心配しているだろうけど，自分は元気にしているから大丈夫．」と言う本人の音声が録音されていた．これは，催多幸剤を飲まされていたことが後で判明した．

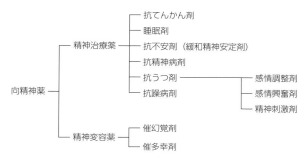

図 3-33 向精神薬の分類. 向精神薬は，精神病を治療する精神治療薬と精神変容を引き起こす精神変容薬に分けられる．うつ病の治療薬である抗うつ剤は代表的な精神治療薬である．精神変容薬には催幻覚剤と催多幸剤がある．

の幻覚剤などである．これら向精神薬と脳の関わりについて説明してゆこう．

脳を操る分子言語

『脳をあやつる分子言語』[*31]と題する本には，私たちの精神機能がいかに脳内の神経伝達物質（2-3-3 化学伝達参照）によってあやつられているかが書かれている．このことは，向精神薬の作用が解明されるにつれ，明らかになったことである．精神治療薬にしても精神変容薬にしても，これらの向精神薬は，脳内のモノアミン類の神経伝達物質に関連した作用である．これらのことより，私たちの精神機能と神経伝達物質の深い関係が認識されるようになった．

モノアミン類はヒトの主要な脳内神経伝達物質である

モノアミン類はヒトの主要な脳内神経伝達物質である．2章図 2-36 にあるように，ドーパミン（DA）とノルアドレナリン（NA）などのカテコールアミン類とセロトニン（5HT）などのインドールアミン類の2種のグループのモノアミン類である．図 3-34 には，ノルアドレナリンの場合の作用の詳細が書かれている．材料であるチロシンを血管から神経細胞に取り込み，ノルアドレナリンがつくられ，神経終末のシナプス小胞に収められる．神経終末に，興奮が来るとノルアドレナリンはシナプス間隙に放出され，シナプス後膜の受容体に結合して，次の神経細胞に電位変化を引き起こす．

同時に放出したノルアドレナリンはシナプス前膜に取り込まれ，興奮は終わる．向精神薬はこれらのどこかの過程に作用して，精神状態の変化を引き起こす．

向精神薬の精神治療薬は，モノアミン類に作用する

まず最初に，精神治療薬の内のうつ病の治療薬，**抗うつ薬**をみてみよう．代表的なものとして，モノアミン類を分解する酵素，モノアミン酸化酵素（MAO）阻害剤がある．**表 3-7** には，脳モノアミンの作用に働く各種薬剤・処置の詳細がまとめてある．最初のカラムが抗うつ作用についてである．一番上が MAO 阻害剤である．モノアミンの分解を抑える薬は，抗うつ剤となるのである．**図 3-35** のイプロニアジドである．次に，三環系抗うつ剤のイ

[*31] 『脳をあやつる分子言語：知能・感情・意欲の根源物質』（大木幸介著，講談社ブルーバックス，1979年）．
最近の本では，『脳内物質が心をつくる』（石浦章一著，ひつじ科学ブックス，羊土社，2001年）などがある．

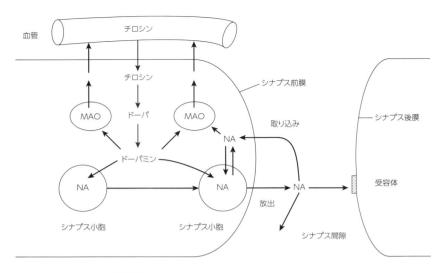

図 3-34 シナプスでのノルアドレナリンの合成・作用. シナプスでのモノアミン類の動態をノルアドレナリンの場合について示している．NA はノルアドレナリン，MAO はモノアミン酸化酵素で，ノルアドレナリンを分解し，不活性な分子に変換する．

表 3-7 脳モノアミンの作動を変動させる処置と精神疾患への作用.
（NA：ノルアドレナリン，5HT：セロトニン，DA：ドーパミン．↑増強，↓減弱）

	薬物・処置	脳モノアミン作動機構の変化	推定される作用機序	情動疾患に対する作用
抗うつ作用	モノアミン酸化酵素（MAO）阻害剤	NA ↑ 5HT ↑ DA 他 ↑	モノアミンの代謝を阻害	抗うつ作用
	三環系抗うつ剤	NA ↑ 5HT ↑	シナプス前膜への NA，5HT の取り込みを遮断	抗うつ作用
	電気ショック療法	NA ↑	NA の合成を促進	抗うつ作用（抗精神病作用）
	断眠療法	NA ↑	NA の合成を促進	抗うつ作用
	L-トリプトファン	5HT ↑	5HT 合成を促進	
	L-5-ヒドロキシトリプトファン（5HTP）	5HT ↑	5HT 合成を促進	
	L-3,4-ジヒドロキシフェニルアラニン（DOPA）	DA ↑	DA 合成を促進	抗うつ作用の報告あり
うつ病惹起作用	レゼルピン	NA ↓ 5HT ↓ DA 他 ↓	シナプス小胞を侵襲しモノアミンを枯渇する	鎮静作用うつ病惹起作用
	α-メチルドーパ	NA ↓	DOPA 脱炭酸酵素を阻害，NA の合成を阻害	うつ病惹起作用
	プロプラノロール	NA ↓	受容体遮断	うつ病惹起作用
抗躁病作用	リチウム	NA ↓ 5HT ↓	NA，5HT のシナプス前膜への取り込みを増加	抗躁病作用躁うつ病相を予防
	α-メチル-p-チロシン	DA ↓ NA ↓	チロシンヒドロキシラーゼに作用して DA，NA の合成を阻害	抗躁病作用の報告あり
	メチセルジャイド	5HT ↓	5HT 受容体遮断	抗躁病作用の報告あり

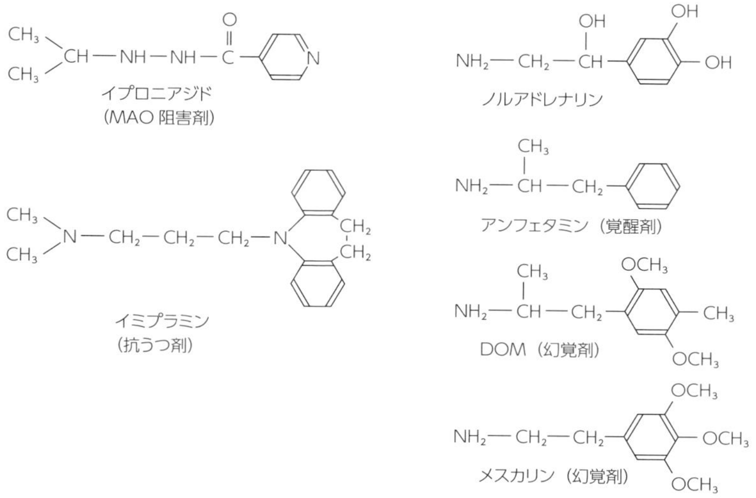

CH₃ CH—NH—NH—C(=O)—(ピリジン環) イプロニアジド（MAO 阻害剤）

NH₂—CH₂—CH(OH)—(ベンゼン環 OH, OH) ノルアドレナリン

CH₃—N(CH₃)—CH₂—CH₂—CH₂—N(—CH₂, —CH₂) イミプラミン（抗うつ剤）

NH₂—CH—CH₂—(ベンゼン環), CH₃ アンフェタミン（覚醒剤）

NH₂—CH(CH₃)—CH₂—(ベンゼン環 OCH₃, CH₃, OCH₃) DOM（幻覚剤）

NH₂—CH₂—CH₂—(ベンゼン環 OCH₃, OCH₃, OCH₃) メスカリン（幻覚剤）

図 3-35　**各種精神治療薬**. 抗うつ剤とノルアドレナリンの精神変容剤の分子構造が書かれている. 治療薬のイプロニアジド（MAO 阻害剤），イミプラミン（三環系抗うつ剤）は，代表的な抗うつ剤である. また，ここに記されている代表的な精神変容剤は，分子構造がノルアドレナリンに似ていて，ノルアドレナリンと同様の作用を行い，神経興奮を引き起こす.

ミプラミン，これは薬剤の分子構造が 3 つのリング状構造をもっていることからこのようによばれている（**図 3-35**）. これは，放出したモノアミンの前膜への再取り込を阻害することによって，モノアミンの働きを強める. これもまた，抗うつ剤である.

　このように考えると，うつ病は，モノアミンの量が少ないか弱まっている状態である可能性がある. それでは，直接，モノアミン類を投与する治療が考えられる. しかし，これは上手く行かない. それには理由があって，脳は他の組織と違って，はっきりしないものが脳内の神経細胞に侵入するのを防ぐ**血液脳関門**という関所があるのである[*32]. そして，ノルアドレナリン，ドーパミン，セロトニンなどは，血液脳関門を通過できないのである. ただ，これらの材料になる物で，血液脳関門を通過できるものがあれば，結果的にモノアミン類が増えて，うつ病に有効である可能性がある. 確かに実際にこれは上手くいって，これを**うつ病のアミン前駆物質療法**という.

　具体的には，セロトニンの前駆物質であるトリプトファン，ハイドロキシトリプトファンとドーパミンの前駆物質の DOPA である. **図 3-36（a）**にあるように，セロトニン（5HT）は，トリプトファン（Trp）から 5-ヒドロキシトリプトファン（5HP）になり，5-ヒドロキシトリプタミン（5HT）になったものである. すなわち，セロトニンは 5-ヒドロキシトリプタミン（5HT）の別名である. セロトニン（5HT）そのものは血液脳関門を通過できないが，Trp や 5HP は通過できるので，結局神経細胞内のセロトニン量は増えることになる. DOPA もドーパミン（DA）の前駆物質で（**図 3-36（b）**），血液脳関門を通過できるので，最終的にドーパミンの量が増えることになる. このような方法でモノアミン類を増やす薬剤は，すべて抗うつ剤になるのである.

[*32]　脳は自分にとって必要な血糖などはどんどん取り込む仕組みをもっている. しかし，このような仕組みのない物質については基本的には，取り込まないように，脳内を守っている. これを血液脳関門という.

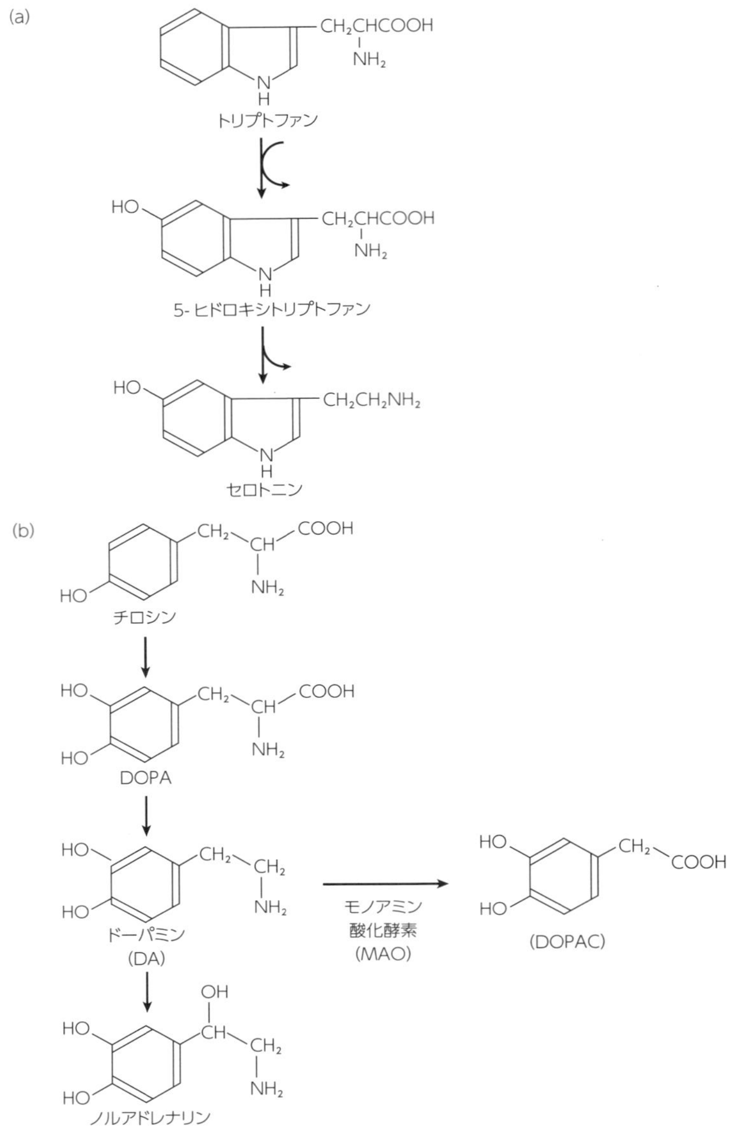

図 3-36 モノアミンの合成・分解過程. (a) インドールアミン（セロトニン）の場合：セロトニンはアミノ酸である，トリプトファンより 5-ヒドロキシトリプトファンを経て，5-ヒドロキシトリプタミンになる．これがセロトニンで，5HT と略記される．(b) カテコールアミン（ノルアドレナリン，ドーパミン）の場合：これらはアミノ酸のチロシンより DOPA をへて合成される．また，MAO は，ドーパミンなどのカテコールアミンを分解する酵素である．

うつ病は脳内モノアミン類が少ないか働きが弱まっている状態である（うつ病のモノアミン仮説）

　そうするとうつ病は脳内モノアミンが減少しているか弱まっている状態である可能性が出てくる．これを示す事象は多い．例えば，**表 3-7** の 2 番目のカラム（うつ病惹起作用）の薬剤である．代表的な精神安定剤レゼルピンは，シナプス小胞にあるモノアミン類を小胞外に出す作用がある．そのため

モノアミンの働きは弱まって[*33)]，精神鎮静作用があり，精神安定剤として使われる．しかし，このようなモノアミンの働きを弱める薬剤は，同時にうつ病惹起作用があることが知られている．

うつ病と逆の，異常にハイになる躁病の治療薬，抗躁病薬は，代表的なものとしてリチウム（Li）という簡単な分子が知られている．これは，一度放出されたモノアミンの前膜への再取り込みを促進するのである．これによって，モノアミンの働きを弱めることになる．これは，ちょうど抗うつ薬の三環系抗うつ剤の場合の逆の作用である（図3-37）．

このように，うつ病を治すためには，抗うつ薬で脳アミン類の量を増やし（作用を強め），正常な人の脳アミン量を精神安定薬で減らすとうつ病になり，それを治すのにもまた抗うつ剤を使う．躁病の場合は，逆作用で脳アミンの量を減らすと正常になる（図3-38）．これをみると精神治療薬は，脳モノアミンのコントロールによって治療を行っていることがわかる[*34)]．

向精神薬の精神変容剤は，人工の神経伝達物質として働いている

それでは，向精神薬のもう1つのグループ，精神変容剤はどのような作用をもつのであろうか．これらは，もっと直接的に神経伝達物質に関係している．精神変容剤は，すべて，モノアミンと構造が似ていて，神経伝達物質と同じ働きをしているのである．人工の偽りの伝達物質として働いているのである．

図3-35のアンフェタミン（覚せい剤），DOM（幻覚剤），メスカリン（幻覚剤）は，ノルアドレナリンと構造が似ていて，シナプス後膜にあるノルアドレナリン受容体に結合してノルアドレナリン様作用を引き起こしているのである．マリファナのLSD25（幻覚剤）は，偽りのセロトニンとして作用している（図3-39）．すなわち，本来なら刺激があって，神経信号が届いて，神経伝達物質が放出されて，それが受容体に結合して，次の神経細胞を興奮させるのであるが，精神変容剤は，直接受容体に結合して神経細胞を興奮させるのである．すなわち，神経信号がなくても神経細胞が興奮すること

[*33)] 神経伝達物質はシナプス小胞内に存在しないと，神経終末に興奮が来たときに，放出に参加できないため，機能できない．それで，小胞外に存在する神経伝達物質は作用がない．

[*34)] 近年では，このようにうつ病の治療は，脳モノアミンをコントロールする向精神薬による治療が中心である．対する治療として，カウンセリングがあるが，それにたずさわっている方々でも「心臓や腎臓と一緒で，精神病は脳という臓器の病気であるから，脳の薬は必要です．」と言われる．

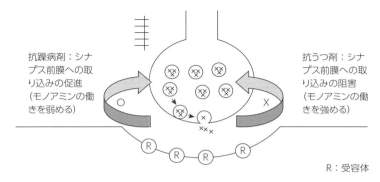

図3-37 抗うつ剤と抗躁病剤の逆作用．三環系抗うつ剤は，放出されたモノアミンのシナプス前膜への再取り込みを抑制することによって，モノアミンの作用を強めうつ病を治療する．一方，抗躁病剤は，この再取り込みを促進することによってモノアミンの作用を弱めることによって，躁病を治療する．同じ生物過程に逆に働くことによって，それぞれ逆の疾病状態を正常に戻す．

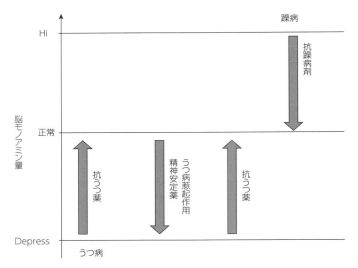

図 3-38 精神治療薬の脳モノアミン類に対する効果. うつ病, 躁病は, モノアミンのコントロールによって治療される. これらのことより, うつ病とは脳内モノアミンの量が減っているか, 弱まっている状態であることが強く示唆される.

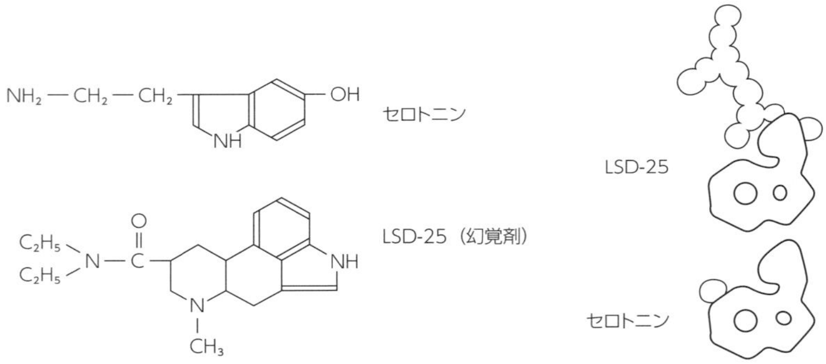

図 3-39 幻覚剤マリファナは, セロトニンの精神変容剤である. よく知られた精神変容剤であるマリファナの主成分である LSD-25 は, セロトニンに一部よく似た分子構造をもち, シナプス後膜のセロトニン受容体に結合し, セロトニン作用を引き起こし, 神経興奮を生じ, サイケデリックな世界が見えたり, 聞こえたりする.

になる (**図 3-40**). 現実に存在しないものが, 音が聞こえることになる.

このような事情をみてくると, いかに私たちの神経機能が, 神経伝達物質にあやつられているかがわかる.

精神変容剤には耽溺性という恐ろしい特徴がある

精神変容剤が麻薬として禁止されている理由として, モルヒネの話をしよう. これは, ケシの乳液から抽出される化合物 (アルカロイド類), アヘンである. これは, ギリシャ・ローマの時代から精神変容効果が知られ, 祭事などに用いられていた. モルヒネはこの乳液の主成分である. この鎮痛効果は素晴らしいもので[*35)], 臨床医の絶賛を受けていた時代もある. しかし, アメリカの南北戦争時代に, この薬物の恐ろしさが明らかになってきた.

*35) 近年では, 末期がんの患者さんの痛みを抑える薬物として, モルヒネカクテルが使用されている. 人体に多大な悪影響があるにもかかわらず, このような不治の病に例外的に使われている. それほど, 鎮痛作用は強力である.

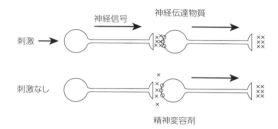

図 3-40 精神変容剤の働き. 精神変容剤は，本来のモノアミンと同様の働きをして，偽物の伝達物質として働いて，神経興奮を引き起こし，さまざまな幻覚作用を引き起こす．これによりないものがみえたり，聞こえたりする．

　それが，**耽溺性**である．この薬物を使っているとだんだん効きが悪くなる（耐性）．それで，効果を維持するために使用濃度を上げる（慢性中毒）．そのような状態で投与をやめると，大変な禁断症状が起こるのである（依存）．異常な神経興奮・胃収縮・下痢・不眠・散瞳（瞳孔が開く）・鳥肌・不安・苦悶・頭痛・嘔吐・意識障害・けいれん・幻覚などの症状で，とにかく体にモルヒネを取り込まないと落ち着かない．精神的にも肉体的にも依存症になる．これなしには生きられなくなり，また，これ自体が神経系などにも毒性があるため，廃人になってしまう[*36)]．

　このモルヒネの作用機構を調べると，シナプスにモルヒネを受け取る受容体があり，これにモルヒネが結合して作用することが判明した．しかし，ケシの乳液中の成分に対して受容体をもつとは奇妙である．実は，モルヒネは精神変容剤として働いていて，本来の真のモルヒネ様神経伝達があったのである．それは，エンケファリンとよばれる神経ペプチド類であった（**図2-36** 参照）．精神変容剤にはこのような恐ろしい耽溺性という性質があり，それで，覚せい剤，麻薬として禁止されているのである．

[*36)] 1840年頃英国と清国間で行われたアヘン戦争前後では，英国がこのアヘン（ケシの乳液中のモルヒネとその誘導体）の大量輸出を行い，多くの中国人が廃人になったのである．

ヒトと社会

社会にインパクトを与える現在の生命科学

4 章

20世紀の後半から始まった生命科学の進歩はすべての分野で進んでいる. 新しい生命科学は良きにつけ悪しきにつけ, 現代社会に強いインパクトを与え始めている. 時には, いのちそのものが物質やお金に取って代わる時代になっていると思われる. またそのお蔭で, 一般の人々もさまざまな生命科学に関連するさまざまな社会問題 (人工生殖, 男女産み分け, クローニング, 遺伝子操作, 末期医療, 臓器移植, 脳死, 尊厳死・安楽死など) に直面している. それらは, 答えのない状況で各自が自分で考え決断しなければならない. 本章ではその中で, 人工生殖をめぐるさまざまな諸問題, 臓器移植・脳死と各種人工万能細胞などの再生医療に関連した事項, 新しい環境問題, 環境ホルモンを具体的なテーマに取り上げ, 各自がさまざまな決断をしていくための生物学的な基礎を解説する.

4-1 人工生殖をめぐる諸問題

正常な出産の場合には, 女性の卵巣から卵子が排卵して, これが輸卵管に出る. ここで, 性交が行われると男性の精子が輸卵管に入ってきて卵子と精子の受精が行われる. 受精卵は, 2細胞, 4細胞, 8細胞と初期発生を行いながら, 子宮に届き, 初期胚は子宮に着床して, それから, 胎盤ができ妊娠が約10カ月続いて出産になる (**図4-1**). 女性の体内ではホルモンサイクルが精密に上手く働き, 出産が行われる.

輸卵管が閉塞している, 排卵がうまくいかない, さまざまな疾患や理由で子宮や卵巣を切除した, などの女性側の理由や, 精子の運動が不全であるなどの男性側の理由や, あるいは両者とも問題はみつからないが何か相性のようなものがあるのか, さまざまな原因で望む子供を得られない場合がある.

このような不妊の人々に対して, 生殖過程に人工的な操作を加えて, 子供を得るのが**人工生殖**である. 不妊症の人々は多く, 子供を望む考えは強いため, さまざまな人工生殖が進展してきた. これは, 多くの場合は幸せをもたらしているけれども, この分野のスピードあふれる進歩は, 私たちの想像を超えたところにも進んでいる. その事態は, 間違いなく結婚と家という伝統的な生活様式に, また旧来の家族についての考えに対して大きな変革をもたらすと思われる. また, 生殖に関連した生命現象が, 企業活動やお金にとって代わる怖さもある.

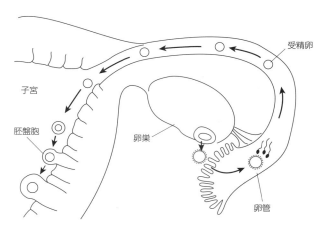

図 4-1 卵子の受精と発生，胎児の子宮への着床． 正常な過程では，卵子の卵巣からの排卵，精子と出会っての受精，受精卵の輸卵管内での胚発生，胚盤胞とよばれる胚の子宮への着床，と進み妊娠をへて出産となる．

試験管ベビーは生物学的には体外受精ベビーである

　輸卵管閉塞のため子供のもてない母親の，度重なる手術の後での「先生，私は，どのような罪ごとを行ったのでしょうか？　どうして神様は私の望みをかなえてくださらないのでしょうか？」との悲痛な言葉を聞きながら，臨床医の P. ステプトウは，生物学者の R. エドワーズと協力して 10 年の格闘の後，ついに 1978 年に**試験管ベビー**，ルイーズちゃん（ルイーズ・ブラウン）の出産を成功させたのである[*1)]．

　彼らは，妻の卵子を卵巣より取り出して[*2)]，体外のシャーレの中で夫の精子と受精させ，これを 8 細胞期，あるいは 16 細胞期の初期胚[*3)]まで培養液中で発生させ，妻の子宮に移植（これを**胚移植**という）した．そして，上手く着床して，妊娠が開始，10 カ月後に帝王切開で誕生したのである．このときに，英国のマスコミで Test tube baby と伝えたのでその直訳で試験管ベビーといわれるが，生物学的には，受精を体外で行う点が特徴で胚移植の後は正常な生物過程なので，正確には**体外受精ベビー**というべきものである．

精子・卵子・受精卵などの配偶子の冷凍保存が可能になった

　賛否両論の激しい論争があったにせよ，ルイーズちゃんの誕生は不妊の夫婦には嬉しい便りである．しかし，**体外受精**の成功は，その後の多様で複雑な人工受精の姿の出発になった．

　その要因の 1 つが，精子や卵子や受精卵の冷凍保存である．古くから，畜産の品種改良のために牛などの精子を冷凍保存して，遠くの地域にこれを運んで，人工受精に使うことは行われていた．**人工授精**は，人工媒精などともいわれ，精子を女性（動物ならメス）の体内に器具で直接注入して受精を促し，妊娠させることで，正常な体内受精で，前述の体外受精よりはずっと容易である．

　ヒトについてもこれが可能で，ノーベル受賞者の精子を提供するヘルマン・J. マーラー精子銀行が 1980 年に現れ，女性が利用している．また，

[*1)] 『試験管ベビー』（R. エドワーズ，P. ステプトウ著，飯塚理八監訳，時事通信社，1980）はその 10 年のドキュメントを記した図書である．多くの批判の中での献身的な行動は感動ものである．エドワーズは 2001 年に「不妊治療に革命的な進歩をもたらした体外受精技術の開発」でノーベル生理学・医学賞を受賞した．しかし，そのときに主要な貢献をしたステプトウの名前はなかった．彼はすでに亡くなっていたのである．

[*2)] ステプトウは腹腔鏡を開発したことで有名である．卵巣から卵子を取り出すときの女性の負担を考えて開腹手術が必要ない腹腔鏡を開発したのである．現在ではすべての医療分野で一般的なファイバースコープを用いた医療のはしりである．

[*3)] 胚（embryo）：受精卵から発生した初期の状態を胚とよぶ．4 細胞胚，8 細胞胚，16 細胞胚，桑実胚，胞胚，囊胚，神経胚などがある．

「精子バンクの母，父の名は No.665」と題して，「男性カタログからお好みの種を選んで，デザイナーのように子供をつくる．アメリカではいま，こうした「精子バンク」を利用して出産する高学歴，高収入のシングルマザーが増えているという．どんな子供が育っていくのか．医学上，倫理上の問題はないのか．そして家族はどうなってゆくのか．米国をルポした．」という詳細なルポの記事が 1995 年に出されている（『週刊朝日』1995 年 1 月号）．

さらには，卵子の冷凍保存，融解後の使用が可能になっている．現在わが国でも未婚であることや仕事を続けるためなど，社会的な理由で卵子を冷凍保存し将来的な妊娠・出産に備えている女性が多数いることが新聞記事などになっている．年齢を重ねることによる卵子の劣化を，若いうちの卵子の冷凍保存により，それを防ぐとの考えである．「仕事優先　苦悩する女性」「晩産化進む東京　広がる卵子凍結」「将来後悔するより……」の見出しが並ぶ．

受精卵についても冷凍保存が可能になっていて，次の項を参考にしてもらうとわかることであるが，現在では，女性が受け入れれば，すでにこの世に生存していない男女の，つまり両親とも他人の子供を産むことも可能なのである．

体外受精の胚移植では，免疫系から守られている

第 2 章の免疫の節で，私たちの免疫系は自己と非自己を厳密に区別して，非自己に対してのみ免疫系は攻撃を仕掛けることを説明した．これは，自分の子供に対しても同じである．親子で臓器移植をしても拒絶反応が起こるのである．そう考えると，体外受精の胚移植で，免疫系が働かないのは不思議である．

それには，特別の仕組みがあるからである．**図 4-2** は，胎児と母体の間の胎盤が示されている．ここに胎児を母体の免疫攻撃から守るフィルター，**栄養胚葉層**という薄い細胞層がある．これによって胎児は母体の中にいても，免疫系の攻撃を免れている．もし，マウスによる実験などでこの栄養胚

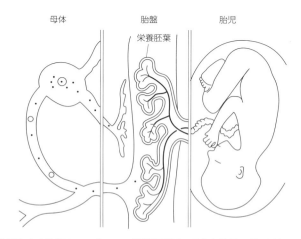

図 4-2　胎児を守る胎盤のフィルター，栄養胚葉層． 母体と胎児の間の胎盤にある栄養胚葉層といわれる薄い細胞層が胎児を守るフィルターの役割をしている．これによって，免疫系からすれば異物である胎児への母親からの免疫攻撃を防いでいる．

葉層を傷つけると，たちどころに子供は免疫の攻撃を受けて死亡する．

このような胎児を免疫攻撃から守る仕組みのお蔭で，胚移植は自分の卵子の胚でなくても構わないことになる．すなわち，自分たち夫婦の子供を他人に産んでもらうことも可能である．すなわち，借り腹，**代理母**といわれるものである*[4]．

人工生殖の最前線はここまで進んでいる

体外受精，配偶子*[5]の冷凍保存，代理母（借り腹）の技術は，人工生殖の状況を一気に複雑化している．

図 4-3 は，1998 年に生殖医療の最前線を示す事例として新聞報道されたものを模式的に示したものである．日本（Jpn）の夫婦は妻が排卵ができないため不妊だったため，夫の精子と体外受精する治療を（日本では体外受精は夫婦間に限られているため）米国で受け，米国女性の卵子を使い，妻の子宮に胚移植，三つ子を出産した．余った受精卵 6 個は，米国で冷凍保存していた*[6]．不妊症の米国人（USA）夫婦が，夫が日系であるため「日本人の血の入った子供が欲しいと」受精卵提供を打診，日本夫婦は，6 個全部を無償で提供することに同意．米国の妻の子宮に胚移植をした．

日本人の方の 3 名の子供，太郎・花子・次郎君と，米国の子供 Jack, Betty, John は，生物学的にはすべて日本の夫と米国の卵子提供の女性の子供になる．

子供からみれば遺伝上の母と生みの母が異なる上，同時に生まれていたはずの兄弟が日米で時間・空間を隔てて育つことになる．これらの事情は，生命科学のうち，生殖生理学のみ進歩に関する事項である．それだけでも，家族に関する人々の考えに強いインパクトを与えずにはおかないであろう．しかし，生命科学はすべての分野ですごいスピードで進んでいるのである．

日本のこれらの問題に対する対応は遅れている

日本ではこれらの生殖医療に対する認識・対応が慎重で，国際的にはとて

*[4]　代理母については，初期の頃，米国でよく裁判沙汰が新聞報道などでみられた．契約によって代理母を引き受けた女性が，いざ引き渡す段になって，「これは，私の子供です．渡す訳にはいきません．」と，裁判沙汰になる事例である．契約社会の米国のこと，すべて代理母の敗訴に終わっている．胎児の体内での発育にともなうホルモンバランスの推移により，母性本能が高まり，そのような思いの変化が起こることはむしろ自然のなりゆきかもしれない．

*[5]　配偶子（gamete）：有性生殖で，接合・合体・受精によって新個体をつくる生殖細胞で，ヒトの場合は，精子，卵子，受精卵をよぶ．

*[6]　体外受精の場合には，複数の卵子の採卵，複数の胚移植を行うのが通常である．まず，女性の負担を考慮して，採卵は一度に複数行う．また，胚移植による初期胚の子宮への着床は完全にはまだコントロールできていないので，通常は複数の受精卵について同時に行うのが通常である．

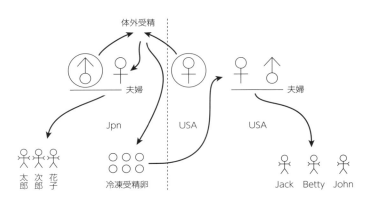

図 4-3　**人工生殖の最前線**．遺伝的には，日本（Jpn）の夫と米国（USA）の卵子を提供した女性の子供が，それぞれ日本の不妊症の妻と米国の不妊症の妻から，それぞれ三つ子の子供が生まれている．太郎君・次郎君・花子さんは，日本の夫婦の子供として，Jack, Betty, John は米国の子供として育つ．子供からみれば遺伝上の母と生みの母が異なる上，同時に生まれていたはずの兄弟が日米で時間・空間を隔てて育つことになる．

も遅れている．認識が遅れているので，法律的な対応も遅れている．1987年の「おばあちゃんが孫を出産」の新聞記事で，南アフリカでの不妊の若い夫婦の体外受精の治療を報道している．妻は息子を出産した際，子宮を取り除く手術を受けていた．「私たち夫婦は4，5人の子供が欲しかった．友達が代理母を申し出てくれたが，踏み切れないでいた．そんなとき，私の母が，高齢にもかかわれず引き受けてくれた」．母親は，「私は，おばあちゃんでありながら，実の孫を産むことになる」と述べている．

「おばあちゃん，私たちの子供を産んでくれてありがとう．」「ハイよ，これが君たちの子供だよ．」とハッピーエンドの南アフリカの物語が日本ではそうはいかない．日本では，第三者から提供された精子を使った非配偶者間の人工授精は学会によって認められているが，非配偶者間の体外受精・非配偶者の卵子提供・代理母などは認められていない．不妊の夫婦に，妹さんから「私の卵子でよければ使えないか．」との申し出があり，非配偶者間の体外受精で出産を手伝った根津八紘医師が，学会より除名処分を受けた記事が1998年当時に出ている．ようやく，国は2015年に民法に関する法案で，第三者の卵子提供や代理出産を認めたが，この場合，すべてについて「生んだ女性が母」との案が了承された．前述の南アのハッピーエンドの話にはならないのである．この場合，日本では「法律上は祖母の実子」「遺伝上は夫妻の実子」「戸籍上は夫妻の養子」になるのである（**図 4-4**）．南アの場合は，すべての面で子どもは夫妻の実子になる．

2007 年には，最高裁がタレントの向井亜紀さんと，代理出産で生まれた双子との母子関係を認めない判断を示したりしている．向井さんは子宮摘出

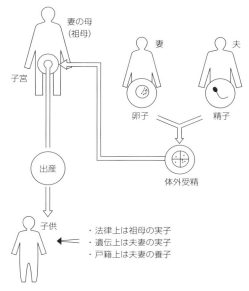

図 4-4　代理母についての日本の特殊性．南アフリカで，子供夫婦のために，その母親が子供夫妻の受精卵を代理母として生んであげた．母親は，子供夫婦に貴方たちの子供だよといって差し上げた．この生まれた子供は，遺伝的には夫婦の実子であり，法律的にも戸籍上もそうである．ところが同じ事情が日本では通用しない．生まれた子供は遺伝上は夫妻の子供であるが，この出生届を出しても実子と認められず，裁判闘争に突入することになる．

により夫のタレント（元プロレスラー），高田延彦さんの精子と本人の卵子の体外受精を米国の女性に代理出産を依頼したのである．この出生届を東京都は不受理として，裁判事案になっていたが，最終的に親子関係を認めない判決が出されたのである．

4-2　遺伝子操作とクローニング

　1997 年に英国のロスリン研究所でクローン動物，クローン羊のドリーが誕生した．コピー動物の作製としてマスコミに大々的に報じられ，また，これと同じ技術がヒトにも応用できるため複製人間，クローン人間の恐怖も語られ始めた．このクローン動物とは何か．また，何のためにクローン動物の作製が必要なのか．ヒトクローンについては，現在の状況はどのようになっているのか，などについて解説しよう．クローニングに関しては，遺伝子操作・遺伝子改変・遺伝子導入が関係してくるので，それについても解説しよう．

クローンとは遺伝子が同一の個体同士をいい，クローニングとはそれを人工的に作製すること

　生物も含め動物の形態・機能などは遺伝子が支配して発現している．そのお蔭でヒトの卵からはヒトがカエルの卵からはカエルが発生してくる．また，兄弟では形・声などよく似ている部分があるのも遺伝子のせいである．私たち性という生殖戦略を採用している動物は，父と母から半分ずつ遺伝子を引き継いで新しい遺伝子の個体ができる．しかし，この遺伝子の引き継ぎ方が個体によって異なるので，遺伝子が同じ個体は普通いない．嬉しいことに自分の遺伝子は世界中で自分一人である．このように性は新しい遺伝子の個体を創出しているのである．そして，私たちはたくさんの細胞，皮膚細胞や筋肉細胞などをもっているが全身の細胞はすべて同じ遺伝子をもっている．

　ただ，一卵性双生児は，もともと 1 つの受精卵が 2 つに分かれて，それぞれが発生したので，これは，二個体が同じ遺伝子をもっている．すなわち，クローン人間である．二卵性双生児の場合は，クローンではない．一卵性双生児の場合は，それで性も同性であり，顔・姿などもよく似ている[*7]．この遺伝子が同一のコピー個体を**クローン**といい，これを世代を超えて人工的に作ることを**クローニング**という．

　クローニングに関しては，最初，カエルで 1968 年に成功している．J.B. ガードン[*8] は，アフリカツメガエル[*9] の腸管の上皮から遺伝子が格納された核を取り出し，カエルの未受精卵から遺伝子の格納された核を取り除き，それに腸管の核を挿入した．そして，この**核移植**により，卵は正常発生を行い，カエルに成長した．この場合，腸管の核を提供した親ガエルと子供のカエルは遺伝子がまったく一緒のクローンガエルになる．腸管からはたくさんの核が取り出せるので，同時に核移植されたカエルも同時にクローンということになる（図 4-5）．

　しかし，ガードンはこの実験をクローンガエルをつくるために行ったのではない．それは，腸管細胞や，皮膚細胞，筋肉細胞，神経細胞などの分化した体細胞が，受精卵と同じ遺伝子セットを持ち合わせているのか，分化の途

[*7]　長嶋茂雄監督と実の息子長嶋一茂氏の関係ではなく，長嶋茂雄氏とそっくりの 2 世出現をイメージするとよい．

[*8]　J.B. ガードン（John Bertrand Gurdon）は，2012 年に山中伸弥とともに「成熟細胞が初期化され多能性をもつことの発見」によりノーベル生理学・医学賞を受賞した．

[*9]　アフリカツメガエルは，原産地のアフリカでの生態は不明にもかかわらず，世界中の多くの生物系の研究室で飼育されているカエルである．手には爪をもっていて，水槽に浮かんでいてレバーを与えると，手でつかんで食べる，飼育の比較的容易な動物である．このカエルは色々な生物実験にさまざまな有利さがあり，生物学者には人気のカエルである．

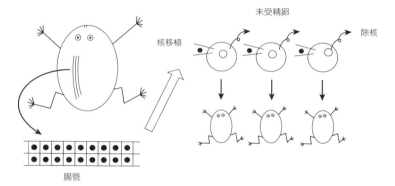

図 4-5　アフリカツメガエルの核移植によるクローン動物の作製. アフリカツメガエルの腸管の分化した細胞の核を，未受精卵に（前もってこの核は除いておく）核移植すると，分化した細胞の遺伝子にもかかわらず，卵子の環境でリセット（初期化）して，正常発生が進む．この子ガエルは，腸管の核を提供した親ガエルと遺伝子の同じコピー，クローンガエルになる．また，この操作によって生まれた子ガエルはみんなクローンガエルということになる．

中で一部失っているのかを知りたくてこの実験を行ったのである．そして，この実験で分化細胞の核も卵子という環境に入れてやると，遺伝子はリセットして，受精卵の完全な遺伝子と同様に発現して，完全な個体をつくることを証明したのである．すなわち，細胞の分化は，DNAの変化ではないことを示したのである．しかし，この実験が人工的なクローン動物の最初の作製の事例になっている．

　その当時，卵が大きく，体外で発生するカエルではこのような実験ができても，哺乳類では難しいと思われていた．哺乳類では，卵子が極端に小さいし，卵子は体の中で発生する．しかし，前節で説明したように，ヒトで体外受精ベビーができる時代である．また，今日の実験装置では，哺乳類の卵子は色々な操作に小さすぎることはない．

　それでも哺乳類では，クローン動物の作製には，困難を極めた．核移植した分化細胞の核の遺伝子のリセット，初期化がうまくいかなかったのである．そのため，1980～1990年代には，哺乳類ではこれは難しいと思われていた[*10]．しかし，この初期化に関して多くの工夫[*11]の後，ついに1997年に，米国のロスリン研究所で，カエルの場合と同様の**体細胞クローン・羊のドリー**が誕生した（図4-6）．

　ここで使われた技術は，ヒトについても同様に利用でき，クローン人間の誕生も現実味をおびてきて，マスコミなどで大々的に報じられた．特に先進国では，この事態に速やかに反応して，個体としてのクローン人間の作製は禁じられている．しかしヒトの受精後14日までの初期胚の利用や，動物のクローン作製は認められているので，このすきまをぬって，各種の実験が考えられている．

クローン動物の作製は遺伝子操作と関係がある

　世界の生命企業では，クローン動物の作製に意欲的に取り組んでいる．それは，どのような理由があるのであろうか．そこには，遺伝子導入の狙いが

*10) 分化した各種の体細胞（皮膚細胞など）の核を未受精卵に核移植してもうまく発生しなかったり，異常出産が相次いだ．その当時，初期胚の細胞の核を未受精卵に導入して初期化を起こすのには成功していた．しかしカエルのような分化細胞の核移植による初期化，体細胞クローンはまったく成功していなかった．

*11) 未受精卵への細胞核の導入，核移植による核遺伝子の初期化についてはたくさんの試みが行われた．ドリーの場合は，この核移植を行った卵細胞を貧栄養液で培養することによって成功した．

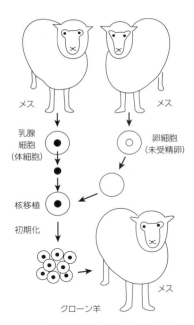

図 4-6　最初の哺乳類での体細胞クローン，羊のドリーの作製．この場合も，カエルの場合と同じ，分化した細胞（この場合は，乳腺の細胞）から核移植によってできた体細胞クローンのクローン羊である．

ある．そのことを説明する前に，遺伝子操作と遺伝子導入について簡単に説明しよう．

第 1 章の核酸の節（2 節）で，原核細胞の分子遺伝学について説明したが，近年，この分野は複雑な真核細胞の分子遺伝学に発展してきた．その過程で研究者は，ハサミとノリを手に入れている．ハサミは，核酸の特異な塩基配列を認識して切り込みを入れる**制限酵素**といわれる酵素である．これにはたくさんの種類が知られていて，さまざまな場所を狙ってハサミを入れることができる．

また，図 4-7 に示されているように，1 つの制限酵素で，1 つの DNA に他の DNA を挿入することも容易にできる．この図では，大腸菌などがもつ小さな環状遺伝子（**プラスミド**）にヒトの遺伝子を挿入する場合が示されて

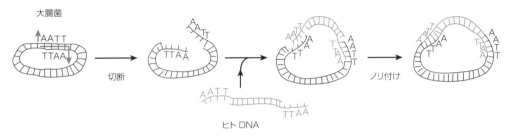

図 4-7　制限酵素を用いた遺伝子操作．同じハサミ，制限酵素で大腸菌の環状遺伝子（プラスミド）とヒトの遺伝子を切断すると，プラスミドにヒトの遺伝子が挿入された遺伝子をつくることができる．切り込み部分は最終的にノリ（DNA リガーゼ）できちんとくっつけることができる．

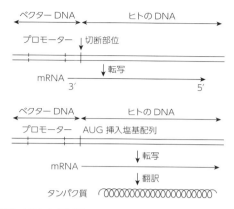

図 4-8 大腸菌に導入するヒト遺伝子. この図で，ベクター DNA とは，遺伝子を細胞内に導入する遺伝子のことをいい，今回の話では，大腸菌のプラスミドである．これにプロモーターと挿入遺伝子（ヒトの遺伝子）があると，大腸菌はヒトの遺伝子の mRNA を合成してくれる．さらにこれに AUG（翻訳開始のコドン）の塩基配列が頭についた遺伝子だと翻訳まで進んでヒトのタンパク質を大腸菌が合成してくれる．

いる．この場合には，どちらの遺伝子もハサミによって AATT と TTAA の相補的塩基対を末端に発生させるので，これらが互いに相補的塩基対を形成して，上手く挿入される．

このようにして，ヒトの遺伝子を大腸菌のプラスミドに挿入して，大腸菌を増やすと，ヒトの遺伝子を含んだプラスミドが大量につくられ，ヒトの遺伝子部分を調べることができる．さらにこのプラスミド遺伝子を図 4-8 の上図のように設計しておけば，大腸菌にヒトの遺伝子の mRNA をつくらせることができる．また，下図のように設計しておけば，大腸菌にヒトの遺伝子を使って，ヒトのタンパク質をつくらせることができる．このようにして，大腸菌にヒトの糖尿病にも関係するホルモン，ヒトのインシュリン（2-1 内分泌系参照）をつくらせることができるのである[*12]．これは，インシュリン注射が必要な 1 型糖尿病の患者にとっては，本当に福音である．これらの分野を **遺伝子工学** とよぶ（図 4-9）．

クローン動物の作製の目的は動物工場である

クローン動物の作製の目的は何であろうか．それは，遺伝子導入による遺伝子改変動物の大量コピーである．先ほどの遺伝子導入は，今日では，大腸菌だけではなく哺乳類の細胞についても行うことができる．ウシなどのお乳にヒトのタンパク質をつくらせて，薬剤として使う．ブタの心臓を，ヒトの遺伝子を導入して，ヒト型心臓に改変して臓器移植に使う（図 4-10），あるいは，牛の胎児の脳をヒト型に改変して，これを脳移植に使おうというものである．これらを **動物工場** とよぶ．

パーキンソン病は，脳の黒質という領域で細胞死が進行し，そこから出るドーパミンの量が欠乏して，運動ニューロンを十分に興奮させることができず，運動障害が起こる病気である．世界的にも日本でもたくさんの患者がいる疾患である．これに対して米国では，黒質の部分に胎児の脳細胞を移植する脳移植が行われていて，大成功をしている．しかし，この問題は，このよ

[*12] ヒトのホルモンは微量で作用するため，体中のホルモンを集めても耳かき一杯にもならない．それではということで，豚などの大型動物からインシュリンを集めても，アミノ酸配列が異なるため効きが悪い．この遺伝子工学で大腸菌にヒトのインシュリンをつくらせることによって，ようやくヒトのインシュリンを薬剤として利用できることになった．

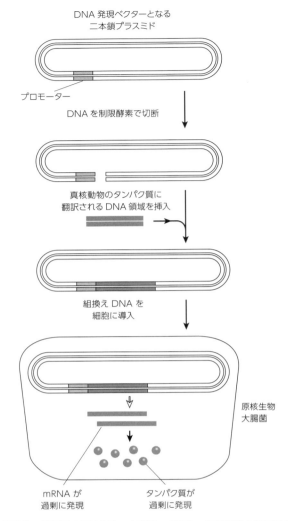

図 4-9 真核動物の遺伝子の原核生物,大腸菌への導入. 真核細胞の遺伝子の原核細胞への導入と,それを使った遺伝子の増殖とタンパク質の合成.大腸菌がヒトの遺伝子を増やしたり,ヒトのタンパク質を合成してくれる.

*13) 外来遺伝子を導入する場合,宿主の DNA にうまく取り込まれなければならない.この確率は高くない.また,卵子などに導入する際に,それらを傷つけてしまうことがある.あるいは,遺伝子が取り込まれても,大切なタンパク質の遺伝子の中に取り込まれた場合には,個体が発育しない,死亡してしまう.さまざまな理由で,遺伝子導入の確率は高くなく,数多い試行が必要になる.そのためうまく遺伝子導入できた個体は非常に貴重である.

うな脳移植のための胎児の脳細胞が入手しにくいことである.そこで,ヒトの胎児の脳組織の代わりに,ヒトの遺伝子を導入した牛(胎児の脳組織)を利用しようとのプロジェクトである.

これらの場合,牛へのヒト遺伝子の導入の成功率は必ずしも高くない*13).そのために一度遺伝子導入が上手くいった個体(牛)に対しては,このコピーが必要になる.それが,クローン動物をつくる目的であり,それによって動物工場を作動させる狙いである.クローン人間利用の試みも,臓器移植に関係して,クローン個体ではなく,細胞レベル,組織レベルで色々な試みがある(本章の臓器移植の節参照).

遺伝子操作・遺伝子導入の技術は超スピードで進んでいる

この遺伝子操作・遺伝子導入の各種技術は,猛烈なスピードで進み,生命

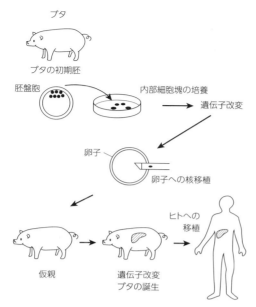

図4-10 哺乳類の遺伝子導入とクローニング. この図では，ブタの胚から単離した細胞に遺伝子操作を行って，これらの細胞からの核を卵子に核移植して遺伝子改変ブタを作製する模式図が描かれている．これをヒトの心臓移植に使おうという計画である．

科学の多くの分野での進歩に貢献し，相乗作用になって，生命科学は超スピードで走っている．ごく最近では，ヒトや哺乳類の狙った遺伝子を効率よく改変できる**遺伝子編集**という強力な技術も登場した．当然，ヒトの各種疾患の遺伝子治療が第一の視野に入っていると思われるが，もし，比較的容易にヒト・動物の遺伝子を改変できるとなると，これは怖いことでもある．

4-3 臓器移植と脳死をめぐる諸問題

4-3-1 臓器移植の諸問題

臓器移植は，さまざまな問題を克服して，着実な医療になっている．しかし，この治療自体が，臓器提供のための死人や脳死者を前提として成り立っているため，医療自体に一般人が後ろめたさを感じることも事実である．もう1つの大きな問題は，慢性的なドナー（臓器提供者）不足である．また，臓器移植時の免疫系による拒絶反応も大きな問題である．しかし，これは，**免疫抑制剤**シクロスポリンの出現によって，克服できた．

以前，「心臓移植を医療として進めてよいですか？」との質問を一般の方に問いかけたとき，多くの方（70％以上）から肯定的な回答が得られた．同時に，「脳死を人の死と認めて，そこから臓器を摘出して，臓器移植を進めてよいですか？」との問い掛けには，多くの方（75％以上）が否定的な回答をよせたとの，報道に接したことがある．しかしこれは変である．なぜなら，心臓移植の場合，死後移植はできなくて，脳死体からの移植しかできないからである．

各自が臓器移植に関する事項に直面したとき，それがドナー（提供者）の立場であれ，レシピエント（被提供者，臓器をもらう方）の立場であれ，結局は自分で決断しなければならないのである．そのためには，臓器移植・脳死などについて基本的な生物学的な知識は身に着けておくことが必要と思われる．

臓器移植には，ドナー不足・拒絶反応・脳死など多くの問題がある

臓器移植に関しては，慢性的なドナー不足がある．日本はこの分野は遅れていて，以前は大金を使って（みんなの善意で募金を集めていた），海外で行うことが多かったが，そちらの現地でもドナー不足で多くの人々がウエイティング・リストで待っている状態であった．また，脳死状態のヒトからでないと移植ができない心臓移植に関しては，日本ではそれを認める法律が成立したのも 1997 年で，南アフリカで最初の心臓移植（1967 年）が行われてから，約 30 年後である[*14]．多くの激論・困難の末に始まったわが国の脳死体からの臓器移植であるが，非常に実例が少なく消極的である．

現在の臓器移植は，移植技術は問題のないレベルに達している．しかし，免疫系の拒絶反応を克服するのはいまだ難問である．今のところ，免疫抑制剤シクロスポリンの投与によって，移植臓器の活着率は飛躍的に安定している．しかし一生の継続的な投薬は必須である．

2-2 で免疫系の解説をしたが，それをもとに**拒絶反応**について説明しよう．細胞性免疫応答の項で，抗原を T 細胞に提示する手について説明した．これは，MHC 分子とよばれ，日本語では主要組織適合性複合体分子（移植を行ったときに拒絶を引き起こす主要分子）である．すなわち，抗原提示という免疫の主要な役割を果たす分子が，同時に拒絶反応を引き起こす主役の分子であったのである．特にドナーの組織細胞の MHC 分子とレシピエントの T 細胞が共同で働いて拒絶反応を引き起こすのである．MHC 分子は単なる異物・抗原ではなかったのである．

図 4-11 にあるように，移植された臓器の MHC 分子が，移植を受けた患者の T 細胞に抗原提示を行い，それによってヘルパー T 細胞が活性化され，サイトカインを放出，それによって，キラー T 細胞が増殖し，それが，移

*14) 日本と日本人はこれらの分野でよくいえば非常に慎重で，悪くいえば遅れている．脳死に関する臓器移植法が最初に成立したときも，日本独特の様相を呈していた．最初に可決した衆院での案が参院で修正案に変わり，可決された．そのときには，脳死判定の否定権（脳死になっても臓器を提供する気のない人には，脳死判定をする必要はないとの意見）が認められ，臓器提供の意思表示した人のみ脳死判定を行い，そうでない人には行わないことになった．これは，医療現場では不人気で，善意で脳死時の臓器摘出を申し出た人のみ，脳死で死体となり，死人としてすべてを処置するのに対して，そうでない人は，（たとえ脳死になっても実際には脳死判定をしないのでわからないが）生きた人として対処することになる．このような 2 種の死が同時に存在することになった（つい近頃，この法律はすっきりした形で変更されている）．

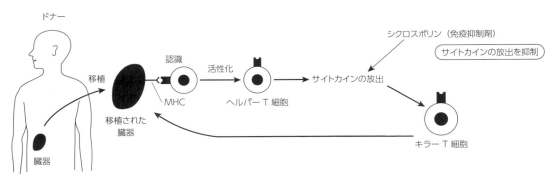

図 4-11　臓器移植の拒絶反応と免疫抑制剤シクロスポリンの働き．提供者（ドナー）の臓器の抗原提示分子が臓移植の患者（レシピエント）のヘルパー T 細胞を活性化し，サイトカインを放出する．これにより，キラー T 細胞が活性化され，移植された臓器への拒絶反応が開始される．免疫抑制剤シクロスポリンは，この際のヘルパー T 細胞からのサイトカインの放出を抑制し，拒絶反応を抑える．

4章　ヒトと社会：社会にインパクトを与える現在の生命科学　143

植臓器を攻撃するのである．どうしてこのようなことが起こるかといえば，免疫系は同じヒトの臓器が体内に入ってくることに対して備えの仕組みをもっていなかったのである．それによって今まで接したこともない他人の手（MHC分子）に対して，T細胞が活性化してしまうのである．

臓器移植の免疫抑制剤，シクロスポリンは，この活性化されたT細胞のサイトカイン（この際に特異的に放出されるインターロイキン）の放出を抑える薬剤である（**図4-11**）．

4-3-2　脳死の生物学

一般的に，生物の死を生物学的に定義するのは難しい．ヒトの死についても同様である．忙しい年末に子供の具合が突然悪くなって母親が数カ所の病院をまわった挙句，子供が亡くなったという悲報を新聞で見ることもある．医者に「お子様は亡くなられています．」といわれても，母親は気が狂ったように泣き叫ぶのみで子供の死を到底認めることはできない．それでも，先生がご臨終ですといわれると，死として世の中に認められている．いわゆる**心臓死**である．

この場合，息をしなくなり（呼吸停止），脈がふれなくなり（心停止），瞳孔が開きっぱなしになり（瞳孔散大）[*15]，体が冷たくなる．この心停止・呼吸停止・瞳孔散大のはっきりした特徴をともなうので**三徴候死**ともいう．この誰もが認めている死でも，実は体の各部は生きている．腎臓は死後2時間後に移植ができるので，2時間は生きている．皮膚は48時間，骨72時間，髪の毛，爪は死後数日間にわたって伸び続ける．このように各パーツはまだ生きているのに，全体のシステムが回復しないと予想して死として認めているのである．

脳死は全脳の不可逆的機能停止である

そうすると医学の飛躍的な進歩によって新しく出現した**脳死**の方がよほど生物学的にはわかりやすい．しかし，脳は死んでいても心臓は動いていて身体は温かい人をみて，死人とは認識しにくいのも普通の感情であろう．

脳死は，「全脳の不可逆的機能停止」と定義されている．脳は，大脳皮質，大脳辺縁系，脳幹に分けられる．脳死を人としての意識がない**植物状態**・植物人間と混乱してはいけない．植物状態は，大脳皮質と大脳辺縁系は死んでいるとしても生命維持装置である脳幹は生きているのである．自分で息はできるし，心臓も動いているし，排泄もできるし，光に対して瞳孔反射もできるし，嚥下運動などもできるので，物を食べさせることもできる．意識はないとしても，生物としては生きているのである．

しかし脳死の場合には，脳のすべてが死んでいて，すなわち脳幹も死んでいるので，自分で息もできないし，排泄もできなくて，光に対しても瞳孔は開きっぱなしである．人工呼吸で空気を送っているし，排泄もチューブで吸引しているし，血圧も常にモニターしていて，血圧が上がれば血圧降下剤を，下がれば血圧上昇剤を注入しているのである（**図4-12**，**図4-13**）．

まさに生命維持装置と生命状況モニター装置のさまざまなチューブが取りつけられたスパゲティー状態である（**図4-13**）．このように医学の最先端の機器による濃厚な医療行為によって命を永らえているのである[*16]．植物

[*15]　瞳孔の光に対する反応は対光反射といい，カメラの絞りに対応するものである．これは脳幹の制御機能で，瞳孔が開きっぱなしの瞳孔散大は脳幹が死亡している指標になる．殺人事件などで被害者の目にお巡りさんが懐中電灯で光を当ててみているのもこれを検査しているのである．

[*16]　『脳死』（立花隆著，中央公論社，1986）は，脳死を本格的に扱った名著である．この本は多くの日本人が脳死を死と考える臓器移植法の成立の遅れに大いに貢献している．しかし，脳死を人の死と法律で認めることに反対していた立花氏でもこの本の中で，脳死体をみた感想として「死体を機械の力で無理やり人工的に呼吸させているとしか思えなかった．」と言っている．

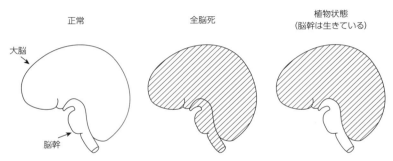

図 4-12 脳死と植物状態の違い. 脳死は脳の全部が死んでいるのに対して，植物状態では大脳皮質・辺縁系は死んでいるが，脳幹は生きている．同じヒトとしての意識はないとしても，本質的に異なる状態である．

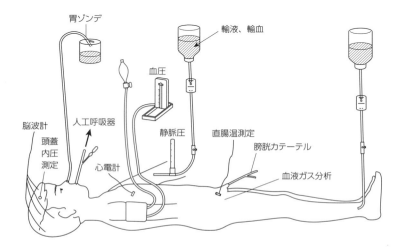

図 4-13 脳死のスパゲティー状態. 脳死の場合は，脳がすべて死んでいるので，排泄を始めすべての生命活動を機械で制御している．その状態を俗語でスパゲティー状態ともいう．

状態の患者さんの場合は，このような管は何もいらない．それほどまでに，植物状態と脳死は違うのである．

脳死の発生機序は，心臓の自動能に鍵がある

それでは，このように脳の全部が死んでいるのに，どうして身体は生きていることができるのであろうか．ヒトの生命にとって，いつも休むことなく働くことが必要で，そうでなかったら速やかに死にいたる器官をバイタルな器官という．それは，脳・心臓・肺である．心臓からは血液を送り，肺からは酸素を送って，また，脳からは循環中枢と呼吸中枢を使って呼吸と循環を制御している（**図 4-14**）．

脳死の場合，脳の機能が完全にストップしながら，どうして肺と心臓は生きているのであろうか．脳の呼吸中枢は，肺の排気と吸気の運動の制御をしている．これさえできれば，後は赤血球内のヘモグロビンが肺で酸素を結合して，末梢部で酸素を離して酸素を身体中に運搬してくれる．それで，人工呼吸で空気を出し入れすれば，脳の呼吸中枢の代わりになる．

心臓は，自律神経系の支配を受けていて，交感神経系は心拍を強め，副交

4章 ヒトと社会：社会にインパクトを与える現在の生命科学　145

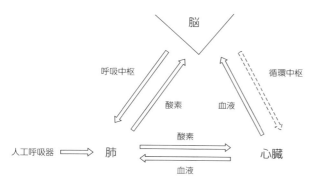

図 4-14 脳死の発生機序. 脳が全部死んでいるのに，心臓は動き，身体は生きているのは不思議である．これは，人工呼吸器と心臓の自動収縮能が主要な要因になって可能になる．もちろん，各種生命維持装置や生命モニター装置などの現代医学装置の支援があってからのことである．

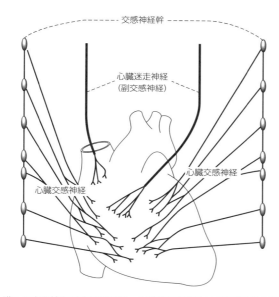

図 4-15 心臓への自律神経系の神経支配. 心臓は交感神経と副交感神経の自律神経系の支配により心拍の調節を受けている．しかし，これらの神経系の支配を完全に取り除いても，心臓は自動収縮能をもち，収縮を継続できる．ただし，自律神経系の制御に代わる機械による調節は必要になる．

感神経系は心拍を弱める（**図 4-15**）．走っているときには心拍が速まり，寝ているときは弱まるのはこの働きである．しかし，心臓には神経支配を完全に断っても自分で動く自動収縮の能力をもつ．心臓は，心筋細胞がギャップ結合でつながっていて，各部分がまとまって収縮ができる（2-5 運動を参照）．そして各部分には，収縮のペースをつくり出すペースメーカーが存在していて，心臓のスムーズな収縮によるポンプ作用を実現している．

　そのため，脳がなくても心臓は動くことになる．しかし，色々な調節はできないので，血圧をいつもモニターしながら，血圧を調節する薬物を注入しなければならない．以前はこれを上手に継続することは難しく，適時心臓は

停止にいたっていたが，最近では，これも長く継続できるようになった．

脳死の判定基準は，厳密に全能の機能停止を検査する

　検査をすれば，脳死は脳がすべて死んでいるのだから，生物学的には死と定義しやすい．しかし，従来の心臓死の場合は，三徴候という誰でもはっきりわかる特徴で，死を認識できるのに対して，心臓が動いているのに脳死の場合は，死の判定ができるのかという疑問が生ずる．また，その判定に問題はないのであろうか．この点について解説しよう．

　日本の場合（基本的には全世界でほぼ共通であるが，少しずつ違いがあるので），**脳死判定**は竹内基準といわれる，最も厳しいものを採用している．それが，**表 4-1** に示されたものである．このすべての基準が順序に従ってクリアできて初めて脳死と判定される．臓器移植にとってできるだけ健全な臓器を確保することが要求されるが，きちんと脳死が確定後でないと臓器は摘出できないので，再生医療にとってもこの迅速で正確な脳死判定は重要事項である．

　まず，（1）深い昏睡：何種かの意識障害の分類で考えると，運動反応，言語性反応，刺激反応などについてすべての点から，反応はゼロでなければならない．疼痛刺激に対してもまったく無反応でなければならない．（2）自発呼吸の消失：無呼吸テストで呼吸を刺激する炭酸ガス（二酸化炭素）で刺激しても無呼吸であることを確認する．人工呼吸器を 3 分間はずし，自発呼吸のための努力がいくらかでも観察されるかをみる．（3）瞳孔散大：心臓死と同様の瞳孔散大をみる．（4）脳幹反射の消失：脳幹のさまざまな反射の消失を確認する．確認する反射は，対光反射（光に対する瞳孔の反応），角膜反射（目の角膜を刺激すると目を閉じる反応），毛様脊髄反射（首に刺激を与えると両側の目の瞳孔が広がる反応），眼球頭反射（頭を急に左右にまわすと眼球が頭の運動方向と逆の方向にかたよる反応），前庭反射（耳の孔から冷水を注入すると眼球が動く），咽頭反射（のどの後ろの壁を刺激すると吐き出すような運動が起こる），咳反射（気管の中を刺激するとせきが起こる）などである．これらのすべての反応がみられなくて，脳幹は完全に機能停止していることを確認する必要がある．（5）平坦脳波：脳波を測定し，30 分間，脳波は完全に平坦で，脳幹も含む脳のすべてにおいて生命徴候がないことを確認する．

表 4-1　日本の脳死判定（竹内基準）．日本での脳死判定の判定項目．これらの項目は 1 つ残らずクリアーに合格しないと脳死判定にはいたらない．6 時間の間隔をおいて 2 回行い，どちらも合格すれば 2 回目に脳死判定が出る．日本の場合は，国際的にも最も厳しい判定基準といえる．英国の場合は脳幹死で脳死と考えているため平坦脳波の測定は必要ない．

（1）深い昏睡（外的刺激テスト，顔面の疼痛刺激に対し，反応があってはならない）
（2）自発呼吸の消失（無呼吸テスト）
（3）瞳孔散大（左右とも径 4 mm 以上）
（4）脳幹反射の消失（対光反射，角膜反射，毛様脊髄反射，眼球頭反射，前庭反射，咽頭反射，咳反射）
（5）平坦脳波（1〜4 がそろった場合，30 分間にわたり記録）
（6）時間的経過（1〜5 すべてがクリアーされた場合，6 時間後に再度同様のテストを行い，変化のないことを確認，2 次性脳障害はさらに観察する）

4章　ヒトと社会：社会にインパクトを与える現在の生命科学　147

　ここまで，（1）〜（5）まで来ると，全脳の機能停止は間違いなく確認される．しかし，これが永久に続く状態であるか，すなわち不可逆的な機能停止であるかの認識は難しい．そこで，（6）時間的経過が必要となる．すなわち上記の検査を6時間後に再度確認して，両者とも同様の結果であれば，そこで脳死判定が行われる．この手続きについては，今日では厳密に行われている[17]．

　交通事故とか鉄砲で頭を撃ち抜かれたとかで，脳に重大な変化が生じ，救急病院の脳外科に搬入されて，救急中央治療室で治療を受けることになった．そのときには，脳の大出血などにともない脳細胞の死とともにガスが出て脳内圧は異常に高まり，脳組織が下部に出てくる脳ヘルニアが起こる．それを防ぐために頭蓋骨に穴をあけて，ガスを放出させる．そのようにして，懸命に医療行為を行った後，脳死になったのであれば，これは間違いなく器質的変化をともなう不可逆的変化である．

　しかし，麻薬中毒や低体温症（冬凍ったプールの氷の下に落ちて呼吸停止・心拍停止になった場合など[18]）などでは，全脳の機能停止状態から回復する事例があるのである．そのため，国は脳死判定について除外例をあげている．それは，（1）急性薬物中毒，（2）低体温，（3）小児（6歳未満），（4）代謝・内分泌障害である．これらの場合は，明確に除外例になっているので大丈夫である．

　脳挫傷のような器質的変化のともなう，脳の1次障害の場合は，まったく問題がないが，器質的変化のはっきりしない2次障害の場合は，グレーゾーンも考えられる．しかし，再生医療が国民の理解を得るために日本の臨床医はその辺の事情については慎重，厳密に対応していて，外国で初期にみられたあいまいな状態はなくなっている．

[17] 近年の例で，脳死体からの臓器移植が報道されてから，最終的な脳死判定で脳波は完全にフラットでないために，臓器移植の予定が中断になった例もある．

[18] 低体温の脳死例では，後で回復した例があり，このようなことから逆に治療として，脳挫傷のような緊急患者に対して脳損傷の進行を遅らせるために低体温治療が施される場合がある．

4-4　再生医療の未来

　臓器移植に関しては，ドナー不足，死体・脳死体からの摘出，拒絶反応，脳死など多くの問題を含んでいながら，進んできた医療である．しかし，将来の再生医療はこれらの問題を完全にクリアできる可能性がみえてきた．再生医療の未来を展望してみよう．ここで本質的で基本的な問題克服の鍵を握る発見をしたのが山中伸弥という日本人研究者であることを喜びたい．

再生医療の鍵は幹細胞の有効利用である

　臓器移植のドナー不足の問題を解決したのが，万能細胞，**幹細胞**である．幹細胞とは，自分自身は継続的に増殖を行い，さまざまな特殊細胞に分化する能力をもち，色々な細胞に分化する万能細胞である（**図4-16**）．ヒトの再生医療に使われるものとして登場した幹細胞が，**胚性幹細胞**（embryonic stem cell，**ES細胞**）である．

胚性幹細胞ES細胞が再生医療の主役として現れた

　図4-17，4-18には，ES細胞の作製と，再生医療での利用の実例が示されている．受精卵は桑実胚をへて100個程度の細胞からなる胚盤胞になる．このうち内部細胞塊とよばれる部分が胎児に育つが，この部分の細胞を取り

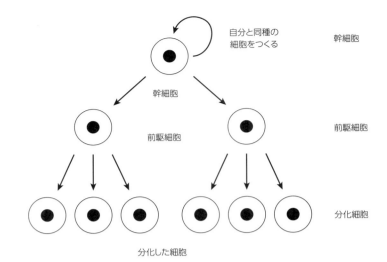

図 4-16　万能細胞，幹細胞の特徴． 幹細胞は自己増殖を行いながら，さまざまな細胞に分化できる万能細胞である．

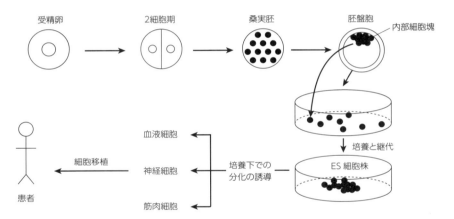

図 4-17　ヒト ES 細胞を用いた再生医療． ES 細胞は，培養系で無限に培養でき，各種因子の添加などによりそれぞれの細胞に分化させることができる．

出して培養すると無限に増殖し，あらゆる臓器や組織，細胞になれる万能性をもつ ES 細胞株が樹立できる．ES 細胞は特定の条件下におくと，神経や筋肉，血液などさまざまな細胞に分化する．こうしてつくられた細胞や組織を再生医療のドナーとして使うのである．

ES 細胞を心筋細胞に分化させるときに，シート状にして分化させると心筋細胞のシートやこれを重ねた心筋パッチがつくれる．これを心臓の壊死部分と入れ替えれば，心臓移植と同様の再生医療となる．これは，実際に行われている医療である．このように ES 細胞の利用は，臓器移植のドナー不足を克服しつつある．パーキンソン病の脳移植（4-2 参照，139 ページ）などは，ES 細胞から作成した若い神経細胞は大いに役立つと思われる．

しかし，ES 細胞は拒絶反応の問題は克服できていない．ES 細胞と同じ遺伝子をもった細胞はいないので，これを再生医療に使った場合には，免疫抑

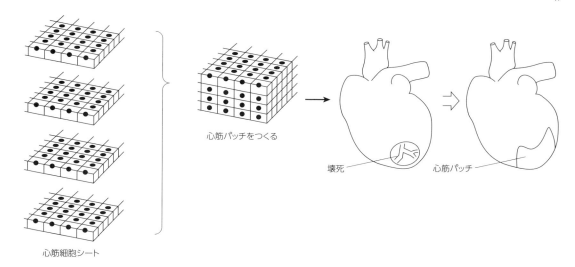

図 4-18　ES 細胞を用いた心臓治療． ES 細胞を使い，心臓移植と同様の効果を得ることができる．ES 細胞から心筋細胞に分化させるときにシート状にし，これを重ねて心筋細胞のパッチがつくれる．これを心臓の壊死部分に（壊死部分を除いた後）張り付けることによって心臓移植と同様の効果を期待できる．

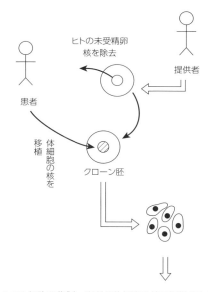

図 4-19　ヒトクローン ES 細胞の作製． 患者の体細胞の核を提供された未受精卵に核移植することによって，クローン受精卵が得られる．これを使って ES 細胞をつくると患者と同じ遺伝子をもった ES 細胞ができる．これを使うと患者は拒絶反応のない再生治療が可能になる．

制剤は必要となる．ただ，ES 細胞を自分の遺伝子を包む核で作製できれば別である．これを行ったのが韓国のファン（黄禹錫）[19] である．**図 4-19** にあるように，患者の体細胞の核を，女性から未受精卵の提供を受けて，この卵子の核を除き，患者の核を核移植する．そうして，この卵子をシャーレで培養すると患者のクローン胚ができる．これを使って ES 細胞をつくれば，患者の遺伝子をもつ ES 細胞なので，拒絶反応は起こらない[20]．これについては，マスコミでも大々的に取りあげられたが，結局これらの実験はねつ

---

[19] ファン（黄禹錫）は，ソウル大学の教授，韓国の全国的な英雄，有名人である．

[20] シクロスポリンなどの免疫抑制剤が登場する前から，遺伝子コピーである一卵双生児では拒絶反応は起こらないことは経験で判明していた．

*21) 韓国の科学会の英雄，ファン（黄禹錫）ソウル大学教授は，その素晴らしい成果により，世界中から称賛されていた．ただ，多くの女性の卵子を使用することから，この点に関する批判も存在した．
　しかし結局この素晴らしいヒトクローン ES 細胞の実験はねつ造であった．患者 15 名の遺伝子とその ES 細胞の遺伝子はどれ 1 つとして一致するものはなかった．この事件の最中に共同研究者の自殺など，悲惨な状況であった．
　日本でも，小保方さんのねつ造事件で，笹井芳樹教授という日本の宝が自殺するという悲劇も記憶に新しい．

*22) 山中伸弥は，「成熟細胞が初期化され多能性をもつことの発見」により 2012 年のノーベル生理学・医学賞をジョン・ガードンと共同受賞した．

*23) あれ，ステロイドといえば，じんましんができたときにステロイドというクリームを塗るけどそれとはどんな関係？と思う読者も多いだろう．
　これは，副腎皮質ホルモンで，炎症を抑えるホルモンである．ステロイドホルモンは性ホルモンが中心であるが，じんましんのときのステロイドもこの仲間である．

造であった*21)．

人工多能性幹細胞 iPS 細胞が夢の再生医療を実現するかもしれない

　そのような難しいときにあって，山中伸弥*22) は，分化細胞を直接万能細胞に変える方法があることを報告した．山中は，奈良先端大学院大学で，幹細胞と分化細胞の遺伝子発現を比較し，幹細胞のみに発現している遺伝子をリストアップした．これを分化細胞に注入して，分化細胞が幹細胞の能力をもつ万能細胞になることをみつけたのである．2006 年にマウスので，2007 年には，ヒトでそのことを報告している．たった 4 種の遺伝子の注入でそれを可能にしている．これに，人工多能性幹細胞（iPS 細胞：induced pluripotent stem cell）と名づけた．

　この研究の将来の再生医療における重要性については，世界中の研究者がたちどころに理解し，大々的な賞賛と話題になった．この研究で，異常な速さで，2012 年にノーベル生理学・医学賞を受賞している．導入した遺伝子にはがん遺伝子も含まれていることから，山中は臨床応用に関しては，これらの問題の解決を最優先にしている．しかし，日本中の研究・行政の各種支援により，着実に進行し，将来は，拒絶反応のない患者の万能細胞による再生医療が主流になるであろう．

4-5　新しい環境問題，環境ホルモン

　環境ホルモンは，正確には「外因性内分泌かく乱化学物質」とよばれる化学物質である．平たくいえば，人工の化学物質が体内の性ホルモンと同じような働きをして，ホルモン系をかく乱する物質である．環境中にあって，口や鼻，肌などから体内に侵入して，ホルモン系をかく乱する人工の化学物質である．これらの物質は，プラスチックの原料であったり，洗剤の分解物であったり，身の回りに存在するものである．

　環境ホルモンは，まだ，色々未解決の問題を多く含んでいる話題である．しかし，これは間違いなく，今までの環境汚染物質とは質の異なる深刻な問題を含んでいる．これらの環境ホルモンをめぐる諸問題について，その基本的な解説を行う．そして，「生命」の視点から，この新しい環境汚染がいかに深刻な問題をはらんでいるかを解説する．

環境ホルモンが関係するホルモンは疎水性のステロイドホルモンである

　第 2 章の内分泌の節で，親水性ホルモンについて説明した．ここでは，環境ホルモンと関係のある水に溶けにくい疎水性ホルモンについて説明しよう．図 2-3 にさまざまなホルモンの分子構造が描かれている．ここの上部のステロイドホルモンが，疎水性ホルモンで，その主要なものが性ホルモンである*23)．

　これらはすべて，ステロイド構造をしていて，分子構造はみんなよく似ている．なぜかというとこれらはすべてコレステロールからつくられるのである．コレステロールは動脈硬化を引き起こす困り者の分子のように考えられて嫌われているが，生体にとって大切な物質である．コレステロールは変わ

(a) コレステロールの分子構造

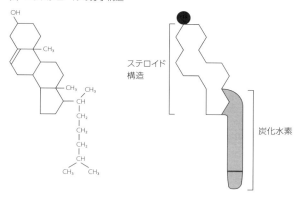

(b) 細胞膜でのリン脂質とコレステロールの配置

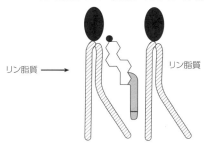

図 4-20　コレステロールの分子構造と膜内存在. (a) コレステロールは変わった脂質で,疎水性の炭化水素の尾部と硬いステロイド構造をもつ. (b) コレステロールは細胞膜のリン脂質の間に挟まって, 細胞膜の強度を確保している. 同時に性ホルモンなどのステロイドホルモンの原料である.

り者の脂質であり, ステロイド構造とともに, 水に溶けにくい炭化水素の尾部をもっている (**図 4-20 (a)**). このコレステロールの一番の働きは, 細胞膜の強度調節である. リン脂質の二重層では強度が弱いため, その間に挟まって細胞膜を硬くしているのである (**図 4-20 (b)**). その硬さは, コレステロールのステロイド構造から来ている (**図 4-20 (a)**). もう1つのコレステロールの大切な働きはステロイドホルモンの材料である. 性ホルモンがすべてステロイド構造をもっているのは, コレステロールからの生産物であるからである[*24].

ステロイドホルモンは細胞内受容体を介して遺伝子に作用する

この性ホルモンは, 親水性ホルモンと作用の仕方がかなり異なる. 疎水性ホルモンの場合は, 細胞内に侵入して細胞内受容体に結合して, 遺伝子に働くのである. 細胞内受容体は, ホルモンと結合すると同時に, 遺伝子の**転写調節因子**としても働く. 転写調節因子とは, DNA のプロモーターに RNA ポリメラーゼが結合して転写を開始するのを促進する (抑制の場合もある) タンパク質である (1-1-2 核酸の項参照). ホルモンと結合した活性化した受容体は, 特定の遺伝子の転写を促進する. そうして, mRNA をへて特定のタンパク質が合成されて, 性成熟などのホルモン作用に結びつく (**図 4-21 下**).

*24) だから女性の閉経後には, 性ホルモンの生産が低下して, 血液中のコレステロール濃度が増える. 動脈硬化などに注意が必要になる.

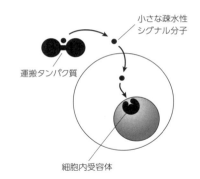

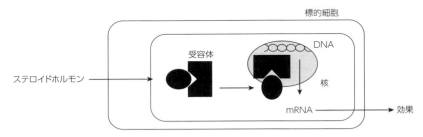

図 4-21 疎水ホルモンの作用機構. 疎水性シグナル分子のステロイドホルモンは，細胞内に侵入して，細胞内受容体に結合して作用する．受容体を活性化して，遺伝子に作用し，タンパク質合成をへて，性成熟などのホルモン作用を引き起こす．

環境ホルモンは疎水性ホルモンの内分泌系をかく乱する

　環境ホルモンは，人工の化学物質でありながら，体内の性ホルモンと同じように働いて，内分泌系をかく乱する物質である．**図 4-22** のように，生体のホルモンと同じように，受容体に結合してホルモン作用を引き起こすのである．それで，環境ホルモンは多くは性ホルモン受容体に結合して作用する．しかし，この場合には2通りの作用形式がある（**図 4-23**）．

　1つは環境ホルモンがホルモン様作用を発現する**活性剤（アゴニスト）**として作用する場合（**図 4-23 中**）と正常なホルモンの作用を阻害する**拮抗剤（アンタゴニスト）**として作用する場合（**図 4-23 右**）である．活性剤の場合には，ホルモンと同じように受容体に結合してホルモン作用を発現する．この場合は，ホルモンの分泌がないのにホルモン作用が出ることになる．拮抗剤の場合には，受容体にきちんと結合するが，活性化ができない．この場合には，正常なホルモンが分泌されても，すでに拮抗剤が受容体に結合しているので，ホルモンが働けない．すなわち，ホルモン分泌があってもホルモン作用が出ないことになる．女性ホルモンについては，活性剤型の環境ホルモンが同定され，男性ホルモンでは拮抗剤型の環境ホルモンが同定されている．

　女性ホルモンの環境ホルモン活性剤として，**ノニルフェノール**や**ビスフェノール**が良く知られている（**図 4-24**）．これらは，プラスチックの材料であったり，洗剤の一部であったりで，身の回りの日常生活でみられるものである（**図 4-24**）．

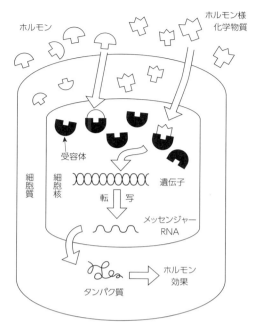

図 4-22 性ホルモンの作用と環境ホルモンの作用. ホルモンと同じ作用をもつホルモン様化学物質（環境ホルモン）は，正常の性ホルモンとまったく同じように働いて，ホルモンがないときでもホルモン作用が出る．内分泌かく乱を引き起こす.

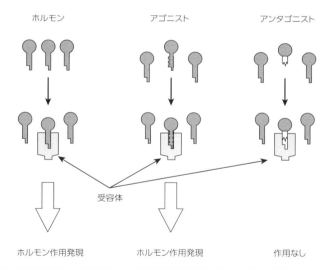

図 4-23 環境ホルモンの活性剤としての作用と拮抗剤としての作用. 環境ホルモンは，ホルモン様化学物質として，活性剤として働くもののみならず，ホルモン作用が必要なときにそれを妨げる拮抗剤として働くものもある．両者とも受容体によく結合して作用する.

環境ホルモンは胎児に深刻な影響を与える

　環境ホルモンは，いまだ未解決の点が多いが，その中で一番深刻な問題になる可能性があるのが，胎児への影響である．母親の女性ホルモンは，胎児の中に侵入して，胎児が女性ホルモンだらけになることがないように防がれ

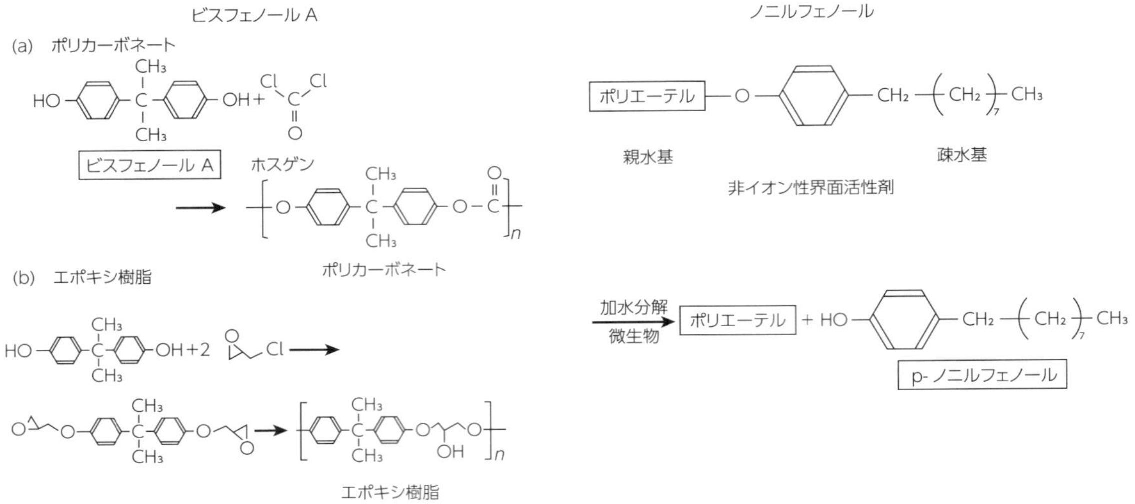

4-5 新しい環境問題，環境ホルモン

図 4-24 女性ホルモン様活性を示すビスフェノール A とノニルフェノール．ビスフェノール A は，ポリカーボネートやエポキシ樹脂などのプラスチックの材料であり，ノニルフェノールは洗剤の一部である．

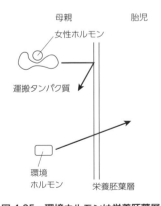

図 4-25 環境ホルモンは栄養胚葉層を通過する． 母親の女性ホルモンは，栄養胚葉層を通過できないので，胎児に侵入していかないが，環境ホルモンはこの栄養胚葉層を簡単に通過できる．

ている．それが，本章の体外受精の項に出てきた胎盤の**栄養胚葉層**（図4-2）である．これが母親のホルモンの侵入を防ぐフィルターになっている．性ホルモンなどの疎水性ホルモンは血液に溶けないため，大型の運搬タンパク質に結合して血液に溶けている．この大型のタンパク質が栄養胚葉層を通過できないため，母親のホルモンは胎児側には通過しないように機能している．しかし，環境ホルモンはこのフィルターを難なく通過できるのである（**図 4-25**）．

成人は外界からの異物化合物を肝臓などで分解・処理する能力が高いが，胎児は低いため，環境ホルモンが蓄積しやすい．また，性ホルモンのかく乱作用は，成人では可逆的であるが，胎児では不可逆的である．成人ではピルなどを飲んで一時的に妊娠しない状態になっても薬をやめれば正常な状態にもどる．しかし，胎児の場合には，生殖器の形成に関係することなので，上手く行かなければ取り返しのつかない後戻りのできない不可逆的な事態になる．

「あれ，男性，女性は遺伝子，性染色体が決めると習ったけど？」と思う人が多いと思われるが，生殖器の形成はホルモンによって制御されているのである．生殖器が形成される前は，すべての胎児は男性生殖器原基（**ヴォルフ管**）と女性生殖器原基（**ミュラー管**）の両方をもっているのである（**図4-26**）．これが，ホルモンの制御を受けて，各々の性の生殖器が完成するのである（**図 4-27**）．

ヒトの生殖器形成に関しては，女性生殖器形成が初期設定になっている．

性染色体が XX だと女性で，卵巣ができる．卵巣はたくさんの性ホルモンを分泌する臓器であるが，胎児期にはホルモンを出さない．そうすると，ヴォルフ管は自動的に退化して，ミュラー管は発達して女性生殖器が完成する．男性の場合は，性染色体は XY で精巣ができる．胎児の精巣からは，まずミュラー管抑制ホルモンが出て，ミュラー管の発達を抑えて退化させる．

4章 ヒトと社会：社会にインパクトを与える現在の生命科学　155

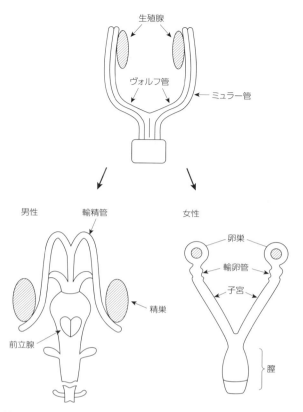

図 4-26　胎児のもつ女性生殖器原基（ミュラー管）と男性生殖器原基（ヴォルフ管）． 胎児は性器形成の前は，女性生殖器の元になる組織と男性生殖器の元になる組織，両方を持ち合わせている．ヴォルフ管は発達すると男性器になり，ミュラー管は女性器になる．

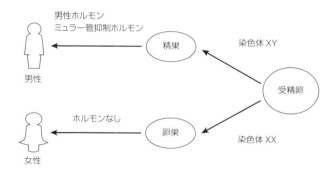

XX（♀）⇒　卵巣　⇒　ミュラー管　⇒　女性生殖器
　　　　　　　　　　ヴォルフ管　⇒　退化

XY（♂）⇒　精巣　⇒　ミュラー管抑制ホルモン　⇒　ミュラー管退化
　　　　　　　　　　男性ホルモン　⇒　ヴォルフ管　⇒　男性生殖器

図 4-27　女性生殖器と男性生殖器の形成． 女子胎児の場合は，ミュラー管が発達して女性生殖器になり，ヴォルフ管は自動退化する．男子胎児の場合は，精巣よりミュラー管抑制ホルモンが出てミュラー管を退化させると同時に，男性ホルモンが出てヴォルフ管を発達させて男性生殖器になる．このように胎児の生殖器形成にはホルモンによる制御が含まれている．

そして，同時に男性ホルモンが出て，ヴォルフ管を発達させて，男性生殖器が完成する．

このように生殖器形成にホルモンが作用しているので，これらの働きがかく乱を受けると生殖器形成に重大な影響が出ることになる．そしてその影響は彼らが成人する数十年後にはじめて顕在化することになる．

環境ホルモンには，低濃度効果という難しい問題を含む

もう1つ，環境ホルモンの未解決ではあるが，深刻な内容を含んだ問題がある．それが，**低濃度効果**（low dose effects）である．通常の環境汚染問題では，実験室である濃度では毒性があるが，この濃度以下では効果がない．外の環境でのこの物質の濃度は，効果のある濃度よりも低い濃度なので，大丈夫となる．しかし，環境ホルモンに関しては，ある濃度では効果がなくてもさらに低い濃度では効果がみられる場合があるとの実験報告である．これを低濃度効果という（図 4-28）．

どうしてこのようなことが起こるのであろうか．それは，内分泌の特有の性質と結びついていると思われる．生体のホルモンは，通常 10^{-12} M というような非常に低濃度で作用する．男性ホルモンと女性ホルモンは作用はまったく逆であるにもかかわらず，ステロイドホルモンの分子構造はお互いよく似ている（図 2-3 ステロイドホルモン）．これらが，みんな血管に出されて，混ざっているのである．

男性ホルモンと男性ホルモン受容体の結合，女性ホルモンと女性ホルモン

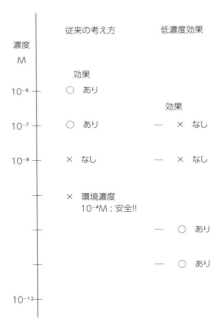

図 4-28　環境ホルモンの低濃度効果（Low Dose Effect）．環境ホルモンについては，ある濃度では効果がないが，もっと低い濃度で効果が現れる低濃度効果の報告がある．もしこれが事実だと，環境汚染の環境評価が格段に困難になる．すなわち，従来は実験室でどの濃度まで毒性があるかを確定し，環境の濃度を測定したとき，これ以下の濃度しか測定できなければ大丈夫となるが，そうはいかなくなる．

受容体の結合は，特異的な結合で低い濃度で結合が起こる（図 4-29）．しかしホルモン自体がよく似ていることも関係して，男性ホルモンと女性ホルモン受容体の結合，女性ホルモンと男性ホルモン受容体の結合も，結合の親和性は低いけれど，ホルモンの濃度をあげれば，起こる．これを非特異的結合といい，図 4-29 の結合曲線で見ると右（高濃度領域）にずれている．

環境ホルモンの濃度が高いときには，特異的な結合も非特異的な結合も同時に起こって，作用は明確に出てこない（図 4-30 下）．しかし，低濃度の場合には特異的な結合のみが起こって，効果は明確に出てくる（図 4-30 上）．内分泌系の場合，すべてのホルモンは血管に出されて，血液にはすべてのホルモンが混ざっている．そのために極端に低い濃度だけを使って，特異的結合のみ起こり特異的な効果だけが出るようにしているのである．

このように考えると環境ホルモンの低濃度効果は十分に考えられる．しかしこれが事実だと，環境ホルモンの環境評価は格段に困難になる．しかも環境ホルモンの問題は，ヒト以上に，野外の動物の生殖系に対する効果が問題になっていて，ひどく深刻な事項を内在している問題と認識すべきである．

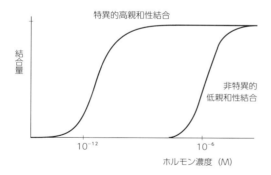

図 4-29　性ホルモンと性ホルモン受容体の特異的結合と非特異的結合．女性ホルモンと女性ホルモン受容体のように正常で特異的な結合は高親和性で低いホルモンの濃度で起こる．しかし，女性ホルモンと男性ホルモン受容体のような間違いの非特異的な結合も，低親和性であるが高濃度領域では起こる．本物の特異的結合は低濃度で起こるが，間違いの非特異的な結合は低濃度では起こらず，高濃度で起こることは，結合曲線をみると理解できる［E：女性ホルモン，ER：女性ホルモン受容体，A：男性ホルモン，AR：男性ホルモン受容体］．

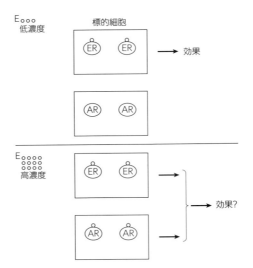

図 4-30　環境ホルモンの低濃度効果の発現機構． 正常の内分泌系では低濃度のホルモンを使って，特異的な結合（EとERの結合）のみが起こるように保障されている（上図）．もし高い濃度の環境ホルモンを使えば，非特異的な結合（EとARの結合）も起こって，両方の逆の効果が同時に出ると結果的に効果が不明になる（下図）．それに対し，低濃度の環境ホルモンでは，特異的な結合のみが起こり，効果は明確に出る（上図）．E：女性ホルモン，ER：女性ホルモン受容体，AR：男性ホルモン受容体．

索　引

■記号
11-シス-レチナール₁　74

■アルファベット
B 細胞　38

cAMP　33
cGMP　76
cyclic AMP　33

DNA　9

EPSP　60
ES 細胞　147

G タンパク共役型受容体　75

IPSP　60
iPS 細胞　150

MHC 分子　41
mRNA　14

RNA　9
RNA ポリメラーゼ　14

tRNA　14
T 細胞　38

■あ行
アゴニスト　152
アミノアシル tRNA　16
アミノ酸　2

アミノ酸配列　2
アミン型ホルモン　28
アレルギー　34
アンタゴニスト　152
アンチコドン　14

イオンチャネル　49
一次感覚細胞　70
遺伝子工学　139
遺伝子編集　141
インターロイキン　41
イントロン　19

ウイルス　11
ウエルニッケ型失語症　103
ウエルニッケの領野　103
ヴォルフ管　154
うつ病のアミン前駆物質療法　125
運動性失語症　103
運動ニューロン　46
運搬 RNA　14

エイズ　34
栄養胚葉層　133, 154
エキソン　19
エコロケーション　63
塩基配列　10
遠心神経　46
延髄　118

オール-トランス-レチナール₁　74
オルガネラ　12

■か行

介在ニューロン　48
海馬　117
化学勾配　50
化学受容　64
化学伝達　58
化学伝達物質　56
化学ポテンシャル　50
核移植　136
核酸　8
活性剤　152
活動電位　49
過分極　51
顆粒球　34
感覚性失語症　103
感覚ニューロン　46
眼球　70
環境ホルモン　150
幹細胞　147
環状アデノシン1リン酸　33
環状グアノシン1リン酸　76
桿体　72
顔面野　102

記憶の固定化　117
機械受容　64
基質　7
拮抗筋　61
拮抗剤　152
ギャップ結合　79
嗅細胞　69
求心神経　46
橋　118
胸腺　38
局所電流　55
拒絶反応　34, 142
キラーT細胞　40
筋芽細胞　78
近距離反射　70
筋原線維　80
筋小胞体　82
筋線維　80
筋フィラメント　81

グリセリン　20
クローニング　136
クローン　136
クローン選択説　39

血液脳関門　125
原核生物　11
言語野　103
言語野の孤立化　108
健忘症　117

抗うつ薬　123
効果器　46
抗原・抗体反応　36
抗原提示　42
向精神薬　122
酵素　7
抗体分子　36
興奮収縮連関　78
興奮性後シナプス電位　60
興奮性細胞　80
興奮性伝達物質　60
骨格筋細胞　78, 80
骨髄　38
コドン　15
コレステロール　150

■さ行

サイトカイン　41
再分極　53
細胞障害性T細胞　41
細胞性免疫応答　38
細胞体　48
細胞内器官　12
三徴候死　143
産物　7

軸索　48
試験管ベビー　132
自己免疫病　34
視細胞　72
脂質　20
自然免疫　34
失書失読の失語症　108

シナプス　48
視物質　72
脂肪酸　20
終板　80
樹状突起　48
受容器　46, 64
受容器電位　64
主要組織適合性複合体　42
順応　66
上行性網様体賦活系　118
植物状態　143
真核生物　11
心筋細胞　78
神経筋接合部　80
神経伝達物質　56
人工授精　132
人工生殖　131
人工多能性幹細胞　150
親水性ホルモン　28
心臓死　143

髄鞘　56
錐体　72
ステロイドホルモン　28, 150
スプライシング　19
すべり説　82

制限酵素　138
静止電位　49
精神治療薬　122
精神変容薬　122
生理的眼振　70
セカンドメッセンジャー　33
摂食中枢　97
全か無の法則　52

側頭葉　117
疎水性ホルモン　28

■た行
体液性免疫応答　38
体外受精　132
体外受精ベビー　132
体細胞クローン　137

大脳半球優位性　109
大脳皮質　96
大脳辺縁系　96
タイプ1MHC分子　41, 42
タイプ2MHC分子　42
代理母　134
脱分極　51
短期記憶　117
耽溺性　129
タンパク質　2

中枢神経系　46
中性脂肪　20
中脳　118
長期記憶　117
長期増強　118
跳躍伝導　56

低濃度効果　156
デオキシリボ核酸　9
適応免疫　34
電位依存性Naチャネル　52
電気化学ポテンシャル　50
電気勾配　50
電気受容　64
電気伝導　55
電気ポテンシャル　50
転写　14
転写調節因子　151
伝導失語　107

動物工場　139
トランスファーRNA　14
トロポニン　85
トロポミオシン　85

■な行
内分泌　27
ナンセンスコドン　15

二次感覚細胞　68
ニューロン　47

ヌクレオチド　8

脳幹　96
脳死　143
脳死判定　146
脳電図　113
脳波　113
ノニルフェノール　152
ノンレム睡眠　116

■は行
胚移植　132
胚性幹細胞　147

光受容　64
ビスフェノール　152
標的細胞　27
頻度暗号　64

複製　13
プラスミド　138
ブロカ型失語症　102
ブロカの領野　102
プロモーター　14
分極　49
分離脳　110

平衡電位　51
ペプチド　2
ペプチドホルモン　28
ヘルパーT細胞　40

補体　40
ポリデオキシリボヌクレオチド　9
ポリペプチド　2
ポリリボヌクレオチド　9
ホルモン　27

翻訳　14

■ま行
マクロファージ　34, 38

味細胞　68
ミトコンドリア　12
ミュラー管　154
味蕾　68

メッセンジャーRNA　14
免疫グロブリン　36
免疫抑制剤　141

網膜　71
モダリティー　63

■や行
葉緑体　12
抑制性後シナプス電位　60
抑制性伝達物質　60

■ら行
ランビエーの絞輪　56

リボ核酸　9
リン脂質　20
リンパ管　38
リンパ球　38
リンパ節　38

レチナール$_1$　73
レム睡眠　116

ロドプシン　73

著者略歴

小泉　修（こいずみ・おさむ）　1948 年生まれ．福岡女子大学名誉
教授，学術研究員．九州大学大学院理学研究科博士課程修了．理学
博士．福岡女子大学人間環境学部／大学院人間環境学研究科教授を
経て現職．米国 UCI（カリフォルニア大学アーバイン校）訪問研究員，
KSU（カンサス州立大学）訪問研究員，国立遺伝学研究所客員教授．
日本比較生理生化学会元会長．編著書に『シリーズ 21 世紀の動物科
学（全 10 巻）』培風館，『動物の多様な生き方（全 5 巻）』『研究者が教
える動物飼育（全 3 巻）』共立出版など．

教養としての生命科学
いのち・ヒト・社会を考える

平成 29 年 1 月 30 日　発　行

著　者　　小　泉　　修

発行者　　池　田　和　博

発行所　　丸善出版株式会社
　　　　　〒101-0051　東京都千代田区神田神保町二丁目 17 番
　　　　　編集：電話（03）3512-3264／FAX（03）3512-3272
　　　　　営業：電話（03）3512-3256／FAX（03）3512-3270
　　　　　http://pub.maruzen.co.jp/

© Osamu Koizumi, 2017

組版印刷・株式会社 日本制作センター／製本・株式会社 星共社

ISBN 978-4-621-30116-6　C 1043　　　　　Printed in Japan

JCOPY　〈（社）出版者著作権管理機構　委託出版物〉
本書の無断複写は著作権法上での例外を除き禁じられています．複写
される場合は，そのつど事前に，（社）出版者著作権管理機構（電話
03-3513-6969，FAX 03-3513-6979，e-mail：info@jcopy.or.jp）の許諾
を得てください．